书籍装帧的创意表达

李　帆◎著

吉林出版集团股份有限公司

内容简介

本书主要包括八个方面内容:书籍与装帧的艺术、书籍的起源与发展、书籍装帧设计的基本原则、书籍装帧的设计元素、书籍封面、护封的构思与创意表现、书籍装帧的创意与设计、书籍的创意编排以及书籍装帧的多样性。各章节都对书籍装帧的相关内容做了比较全面的阐述,运用了大量的作品和教学图例,实用性与理论性兼备,为书籍装帧研究提供了全面丰富的学习资料及参考依据。

前 言

书籍是人类用来记录成就的主要工具，也是人类用来交融感情、取得知识、传授经验的重要媒介，对于人类文明的发展做出了巨大的贡献。随着 15 世纪印刷技术的发展，书籍成为百姓日常所能承受的物品，从而得以广泛传播。在书籍让人们掌握知识、获得能力的同时，书籍的美观开始受到人们的重视，并形成了一门独特的艺术——装帧艺术。

然而，随着时代的发展，突破传统书籍装帧观念是现代书籍装帧设计的重要任务。现代书籍装帧设计越来越趋于视觉感受和触觉感受，在视觉上，以美观、视觉冲击力构成书籍直观的美；在触觉上，以精湛的装帧技术、优质的书籍纸张形成良好的触觉感受。书籍应以科学合理的排版形式、创意互补的图文设计、强大的知识体系构成书籍的内容美，传递出更多的信息。因此传承与发展是书籍装帧技术的重要课题。

本书共从八个方面入手，系统地讲述书籍装帧的有关知识。第一章介绍了有关书籍装帧的艺术，全面解析了其概念、功能目的与艺术价值；第二章从中外书籍装帧与近代书籍设计两方面介绍了书籍的起源与发展；第三章介绍了书籍装帧设计的基本原则，主要内容包括其审美性原则与整体性原则；第四章介绍书籍装帧的设计元素，主要通过书籍的构成要素、装帧的设计原则与封面的设计进行介绍；第五章介绍了书籍封面、护封的构思与创意表现；第六章介绍书籍装帧的创意与设计，分为外、内部结构的创意与设计、整体创意与设计和概念创意与设计；第七章具体阐述了书籍的创意编排；第八章讲述了书籍装帧的多样性，从材料创新、形态创新、设计的多层次性、趣味性以及感官体现等几方面加以阐述。

鉴于作者水平有限，经验不足，书中难免存在疏漏及不足之处，真诚希望各同行专家以及广大读者批评指正，以使本书不断完善。

作　者

2020 年 9 月

目　录

第一章 书籍与装帧的艺术

书籍是人类用来记录一切成就的主要工具,也是人类用来交融感情、取得知识、传承经验的重要媒介,对人类文明的开展有较大的贡献。迄今为止,发现最早的书是5000年前古埃及人用纸莎草纸所制的书。中国的造纸术和雕版印刷术的发明,开启了人类历史新篇章,将纸张装订在一起,于是有了一本本的书。随着15世纪谷登堡印刷术的发明,书籍才作为普通老百姓能承受的物品,从而得以广泛传播。在掌握知识、获得能力的同时,书籍的美观开始受到人们的重视,并形成了一门独特的艺术——装帧艺术。

第一节 书籍与装帧

文字的出现,起到了承载知识、传播文化的作用,它也是书籍产生最根本的条件。图形语言具象且简明,成为人类思想的衍生品。文字和图像作为现代日常生活中沟通以及传播信息的符号,在文化生活中有着重要的价值。

“书”指的是一种由一沓书页构成、精装或简装在一起的物品。《牛津简明英语词典》提供了两种关于图书的释义:①可以携带的手写或印刷在一些纸张上的论文。②写在很多纸上的文字组合(如图1-1至图1-4)。

这两种简单释义给我们提供了图书的两个关键因素:一是描述了纸张印刷并且便于携带的物理特征;二是提到了写作和文学性的特点。联合国教科文组织对书下的定义是:至少五十页以上的非定期印刷出版物。

图 1-1 书 1

图 1-2 书 2

图 1-3 书 3

图 1-4 书 4

法国弗雷德里克·巴比耶教授在其著的《书籍的历史》一书中的定义是："包括一切不考虑其载体、重要性、周期性的印刷品，以及所有承载手稿文本并有待传播的事物。"因此，"书籍是人类进步的阶梯"，是人类文明传承的重要工具，对书史的研究一向被认定是学科之间的学科，因为它涉及的领域是如此广泛，不但与文学史，而且与技术、经济、社会、政治等学科的历史紧密联系。图书是由一系列印刷并固定在一起的纸张组成的，可以跨越时空将知识保留、广而告之、详细讲述、传播给识字读者的一种便于携带的载体。

高尔基对书籍有这样的评价："热爱书籍吧！书籍是知识的源泉，只有书籍才能解救人类，只有知识才能使我们变成精神上坚强的、真正的、有理性的人。唯有这种人能真诚地热爱人，尊重人的劳动，衷心地赞赏人类永不停息的伟大劳动所创造的最美好的成果。"可见，书籍设计对于人类文明进步起到的重要作用。书籍对人类的影响和效果是难以衡量的。书籍是社会产品，它既是物质产品，也是精神产品。好的书籍设计不仅在于设计的新颖，更在于书的内容编排、印制物化与整体关系贴切，人们可以十分清晰地读到书的内容。

书籍是供人们阅读的艺术载体，各个艺术门类都通过不同的载体表达各自的艺术情感。书籍装帧艺术的审美方式是立体的、动态的，呈现出明显的延续性、间歇性的时间特征，甚至与触觉也紧密相连。人们从视、听、触、闻、味五感体会书籍的这种独特审美方式，它使书籍装帧成为一门独立的艺术门类。

“装”字来源于中国古代卷轴装、简策装、经折装、线装，这些“装”字也是取装潢美化的意思。“帧”字原用于字画的计数，用在书籍上就是将书页装订成册，即“装帧”。

从书籍的外部形态设计、印刷工艺、印刷材料的选择来看，书籍是立体存在的。从书的三维角度来看，书籍装帧设计已经成为一个立体的、多侧面的、多层次的系统二程。我们所完成的书籍装帧设计是书籍立体成型设计的全过程。

印刷是最具有影响力的传播工具之一，它改变了人类的思维、文化和经济发展的进程。在历史发展的长河中，无论是宗教和政治，还是医学、自然科学、文学地理，每一门知识学科的传承都离不开书籍。

书籍这种古老的媒介形式，在人类漫长的发展过程中承载着人类精神与思想。从最早的甲骨文刻字到木椟、竹简等，书籍所记载的是这些文明的发展脉络。早期的书籍以记录功能为主，以传达功能为辅。现代意义上的书籍形态是在人类早期书籍形态的基础上发展而来的，在社会产生变革后才出现。书籍的内容必须通过一定的载体才能被反映出来，不同的载体产生不同形态的书，书的形态也反映一定社会、一定时期的社会意识。我们所熟悉的书籍的形态是六面体的知识存贮器。但在当今信息万变的多媒体时代，随着人们文化、经济、环境的改变，书籍形态也将随着社会的发展而改变（如图 1–5 至图 1–11）。

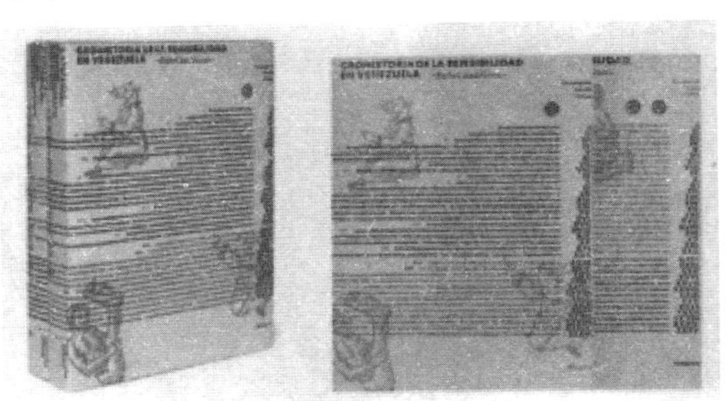

图 1–5　书 5

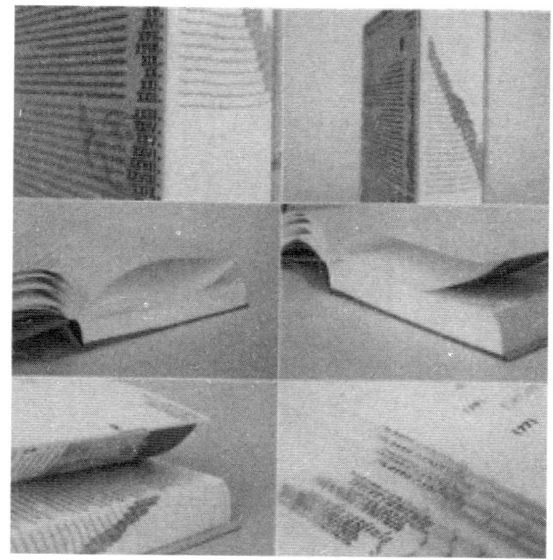

图 1-6　书 6

图 1-7　书 7

图 1-8　书 8

图 1-9　书 9

图 1-10　书 10

图 1-11　书 11

第二节　书籍设计的功能目的

《书林清话》中记载："凡书之直之等差，视其本，视其刻，视其纸，视其装，视其刷，视其缓，视其急，视其有无。本视其抄刻，抄视其讹正，刻视其精粗，纸视其美恶，装视其工拙，印视其初终，缓急视其时，又视其用，远近视其代，又视其方。合此七者，参悟而错综之，天下之书之直之等定矣。”由此可见，书籍设计的好坏是有标准的。

书籍装帧的功能分为两个方面：一是实用功能，二是审美功能。实用功能是书籍的基本功能，而审美功能涉及书籍的艺术表现力。书籍具有承载书稿内容的功能、有利于阅读和引导的功能、对书籍的识别功能、促进购买的功能、对书籍的保护功能等。书籍设计是营造外在书籍造型的构想和对内涵信息传递的理性思考的学问，是设计师对书的内容准确地领悟和理解后，经过周密的构思、精心的策划和印刷工艺的运筹等过程形成的。书籍设计不仅仅是一种设计，而应从书中挖掘传播的信息，运用理性化的设计规则，来表达出全书的主题。通过书籍的形态、严谨的有韵律感文字的排列、准确直观的图像选择、有规则有层次的版面构成、有动感的视觉旋律、完美和谐的色彩搭配、合理的纸材应用和准确的印刷工艺，寻找与书籍内涵相关的文化元素。从视觉表达上展现书的内容、启示读者，达到书籍设计与阅读功能的完美结合。

2004 年，吕敬人在香港某书籍设计站做了一本书，书名叫《翻开》。在他看来，翻开就是设计的目的。书籍设计是将文本的语境通过视觉手段充分传达给受众，这是设计最根本的目的。人类进行周而复始的读、看、写、读。书是用来阅读的，这是它的最终功能。阅读以视觉过程为基础，易读性则是其重要的先决条件。书籍设计者的任务是将内容和不同级的文本层进行结构化设计，并将其与各种设计元素协调组合，以实现易读（如图 1-12 至图 1-14）。

图 1-12　书 12

图 1-13　书 13

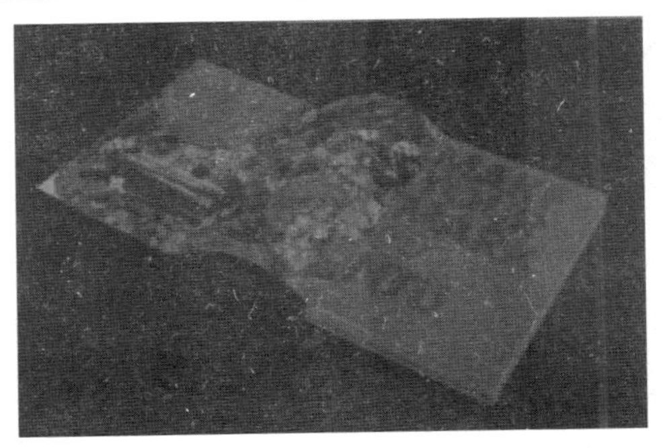

图 1-14 书 14

评判一本最美的书的标准是什么？第一，应该是设计和文本内容的完美结合；第二，要有创造性；第三，它是给人阅读享受的，一定在印刷和制作方面有它最精致、独到的地方。当然，我们的作品还是要能够体现自身民族的文化价值、审美价值。书籍设计要让读者读来有趣、有益。因此，书籍形态设计的目的不仅要在视觉上吸引读者，更要传达该书的基本精神，向读者宣传书籍的内容，通过艺术的形式帮助读者理解书籍的内容，增加读者的阅读兴趣。

一本优秀的书籍要做到内容与形式的统一，除了书籍的内容以外，书籍的形式美、材质美也要充分传达书籍内容的精神。书籍设计的目的不仅是装饰，也是实用功能与外部形态的完美统一。在进行书籍形态设计时，要把握可视性和可读性的特征，让读者快速地认识该书，也能方便阅读和检索。我们要用感性和理性的思维方式设计读者不得不为之动心的书籍形态。

从生产的概念来看，书籍是一种商品。书籍设计的艺术性从属于书籍的功能性，它不是艺术家肆意宣泄的艺术品。书籍装帧是为书籍内容服务、为读者服务的。因此，书籍设计承担着一定的社会责任。我们需要不断试验、组合设计元素与设计构思，寻找具有说服力的材质，并尝试革新印刷技术和工艺。

书籍的文字从刻写到抄写，从毕昇的胶泥活字印刷术到谷登堡的现代印刷术，再到今天的电子书，经历了因大大小小文本传播技术的改变所导致的载体演变；读者群也从手抄时代的少数人群，繁衍普及到活字及现代印刷术时代的大众群体，进而衍变到电子媒体时代的分众设计，这是书籍发展不可逆转的历史进程（如图 1-15 至图 1-22）。

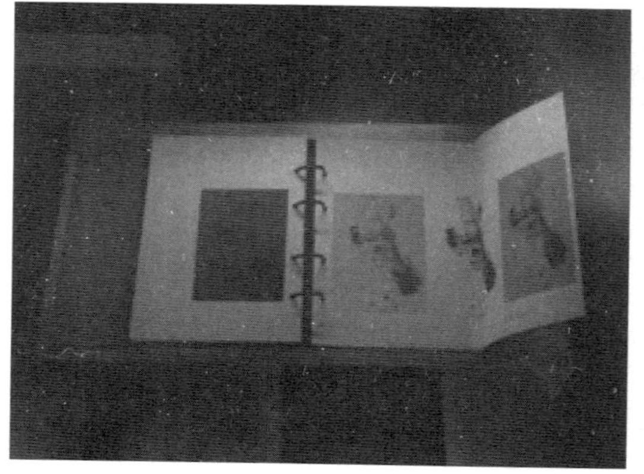

图 1-15　书 15

图 1-16　书 16

图 1-17　书 17

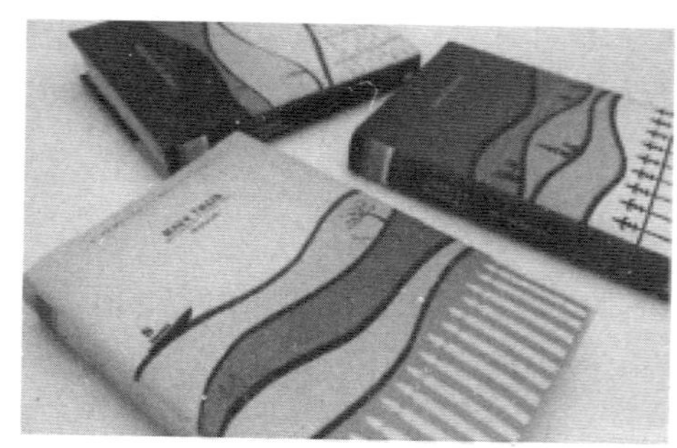

图 1-18　书 18

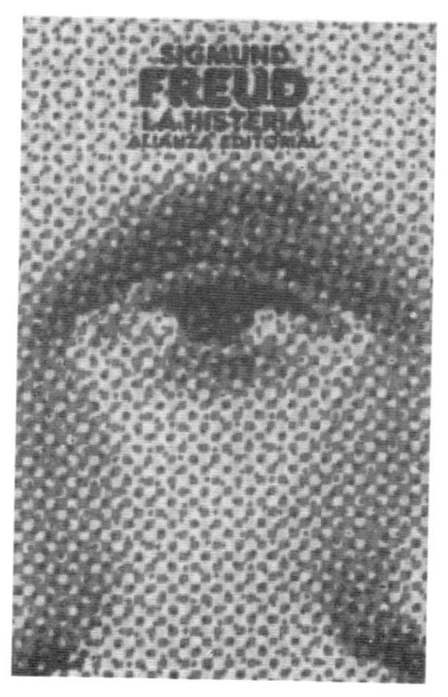

图 1-19　书 19

图 1-20　书 20

图 1-21　书 21

图 1-22　书 22

第三节 书籍设计的艺术价值

书籍“美”是什么？回顾历史我们可以发现，“时间”是“美”的重要元素，换句话说，“美”是无标准、无定位、无界限，也不是绝对的。“标准”只是文化生活死亡的符号，而“美”是活生生的生活“现象”，反映出人的创作力与生活、教育、科技等各方面紧密结合所发生的化学作用。

书籍设计不仅要有功能性，还要有审美性。自我们要求美感与功能同等重要的那一刻起，仅仅从功能上发展美是远远不够的。事实上，美本身也是一种功能，美是由一个物品与生俱来的各个组成部分和谐统一构成的，任何添加、消减或更改都会降低其美感。因此，长久看来狭义的纯粹实用性不能满足人们的需求。美的观念经历着不断的变化，使美更加难以达到，但是人们依然在渴求书籍之美。

书境犹在澄清志，妙语神会境中游。书境、心境、意境、语境，书籍艺术工作者无不在原著文本的天地中寻找精神生命中最理想化、视觉化的境界表达。书籍设计将表现空间的造型语言、表达时间的节奏语言、体验时间的拟态语言，既呈现感性物质的书籍姿态，又融会内在理性表情的信息传达。书之境是设计者对文本生命价值的拓展和实现原著内涵语境衍生的最高追求，即为读者创造真、善、美与景、情、形三位一体的阅读书境。

从“美”的角度去看待书籍，读书是一种乐趣，读一本好书是一种享受，而我们相信读一本拥有很好书篇设计的书，会让阅读的幸福感加倍。书籍设计大师吕敬人先生曾说，书籍的角色其实就是在读者和作者之间架一座桥，是媒人，让书和读者去谈恋爱。这个比喻恰到好处地诠释了书籍设计和阅读的关系。

书籍是一个带有情感的事物，不仅仅是文字的传达，而且是可以赋予美感的。书籍设计并不只是装帧上的工艺之美，更重要的是从内到外、从内容的情感表达到设计的视觉表现的全方位体现。设计，能为书籍带来视觉上的美好，也能在无意中引导读者阅读，进入书籍的情感世界，为阅读提供方便。

日本书籍设计师杉浦康平说：“书籍，不仅仅是容纳文字、承载信息的工具，更是一件极具吸引力的‘物品’，它是我们每个人生命的一部分。每每翻阅书籍，总会感到无比的惬意，这是因为我们会用心去感受它内容的力量，欣赏它设计的美感，有时就连翻书页的过程也觉得是一种享受。书籍是有内涵的，它的内涵超越了文字的本身，它展现给人们的不仅仅是一篇篇文章。”书籍的形态会散发一种气质，加深人们对阅读的热爱，能净化心灵，带来愉悦的感受。书籍是一种艺术品，是能够把文化意图传达给读者的载体，内容固然是一本书的灵魂，但当内容与形式完美结合时，它们便具有了收藏的价值，使书籍的艺术品质得到体现。

书籍装帧属于艺术的范畴，其性质决定了书籍封面的文化性和艺术性。虽然书籍作为精神商品也卷入了市场经济的旋涡，利用封面做广告招来征订，增加书籍的销售数量，但书籍装帧绝不等同于一般商品的包装那样随着商品的使用价值的启动而完成和废弃。市场经济中书籍装帧艺术已经从以前简单的封面设计过渡到现在的封面、环衬、扉页、序言、目录、正文等书籍整体设计，以二元化的平面思维发展到三维立体的构造学的设计思路。我国先秦思想家荀子说“君子知夫不全不粹之不足以为美也”（《荀子·劝学篇》），就是强调了美的整体性。孔子“尽善尽美”的审美理想，“尽”字也表达了“全部”“整体”的含义。任何一本精美的书都有共性整体性。一个物体的视觉概念，是从多个角度进行观察后的总印象。整体美这一要素贯穿于各局部之间，游离于表里之外，显现于人们的主体视觉经验中。

中国的书籍艺术有着悠久灿烂的历史，她为我们留下了宝贵的文化遗产，这是维系书籍生命力的基础。电子书籍给传统出版业带来了冲击，恰恰也给创造体现无穷艺术魅力的书籍载体带来了机遇。中国改革开放 40 多年给书籍设计艺术带来的最大动力就是永不满足的探索精神，让中国书籍艺术的参与者释放出无穷的设计能量，并以开放的心态，做好传承与创新，从而提升中国书籍设计艺术整体水平的发展（如图 1-23 至图 1-28）。

图 1-23　书 23

图 1-24　书 24

图 1-25　书 25

图 1-26　书 26

图 1-27　书 27

图 1-28　书 28

第二章 书籍的起源与发展

书籍，在人类社会的发展中担当着不可或缺的重要角色。高尔基曾说过“书是人类进步的阶梯”。书籍作为文字、图形的载体而存在，是用文字、图画和其他符号，在一定材料上记录各种知识，清楚地表达思想，并且制装成卷册的出版物，是传播各种知识和思想、积累人类文化的重要工具。随着历史的发展，书籍在书写方式、所使用的材料和装帧形式，以及形态方面，也在不断变化与变更。

第一节 中外书籍装帧发展历程

一、中国古代书籍装帧的发展历程

书籍形式的出现必定是以文字产生为基础的，我国在距今五六千年的西安半坡遗址中出土的新石器时代的彩陶上就出现了一些简单的记事符号。而经过专家的推断，这很有可能就是中国汉字的雏形，可以说，我国的汉字有着很悠久的历史，随之产生的书籍形式也就有了相应的历史。中国最早的文字是殷商时期的甲骨文，文字是用刀具刻写在龟甲或者兽骨之上的，主要是记载当时统治阶级的情况。而随后产生的钟鼎文，是刻写在青铜器具上的，也是主要用于记录王公贵族的生活状态等。但是它们存在着明显的不足：不方便保存和流行，不是以传播知识和经验为目的，也没有经过编排装订，所以这个阶段的形态还不能称之为书籍。真正具有书籍形态雏形的应该是竹木的简牍。（如图 2-1 至图 2-3）

图 2-1　甲骨文

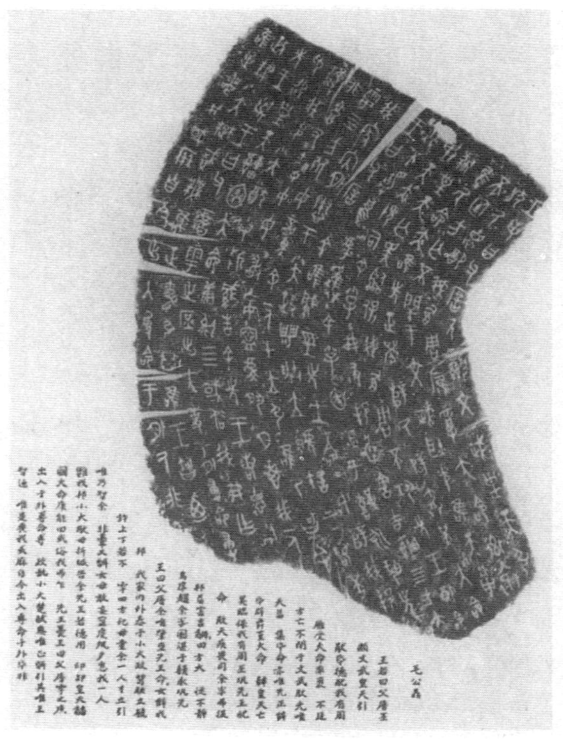

图 2-2　甲骨文

图 2-3 青铜器

（一）简牍

简牍实际是几种东西的总称，指的是竹简、木简、竹牍和木牍。简牍是在纸普及之前用来记录的载体。现在发现的简牍的年代主要是战国、秦汉、三国时期，最晚至西晋。简牍是中国书籍的最主要形式，对后世书籍制度产生了深远的影响。直到今日，有关图书的名词术语、书写格式及写作方法，依然承袭了简牍时期形成的传统。（如图 2-4 至图 2-6）

图 2-4 简牍

图 2-5 简牍

图 2-6 简牍

简牍是对我国古代遗存下来的写有文字的竹简与木牍的概称。用竹片写的书称“简策”，用木版写的叫“版牍”。超过 100 字的长文，就写在简策上，不到 100 字的短文，便写在木版上。一枚简牍称为简，常写一行直书文字，简也成为古代书籍的基本单位，相当于现在的一页。简的长度一般在 1 米左右，较长的文章或书所用的竹简较多，所谓的“编简成策”就是用绳子、丝线或牛皮条依照次序编串起来，成为“策”或者“册”。用于简牍的书写工具主要包括笔、墨、刀。简牍上的文字用笔墨书写，刀的主要用途是修改错误的文字，并非用于刻字。简策的开头两根，不写刻正文，有时在其反面写刻书篇名，称为“赘简”。相当于现代图书的封面，主要起到保护简策的作用。我国的很多古代著作都是书写于简策之上的，《尚书》《礼记》《论语》等都以简策的形式保存至今。

简策书籍最大的缺点是量大笨重，使用起来十分不方便。据记载，秦始皇每天阅读公文 150 斤，秦汉时期有一些大臣写公文要由两个大汉抬着入宫，可见简策作为文章载体很不方便。除此之外，由于简策是用编绳串接起来的，所以日久绳断容易产生脱简和错简的情况，很难进行复原。

（二）帛书

帛书，又名缯书，以白色丝帛为书写材料。帛书指将文字、图像及其他特定的符号写绘于丝织品上的书籍形式，为纸还未发明之前重要的书写物料。其起源可以追溯到春秋时期，至汉代仍有大量的帛书。帛书有不少方面与竹简相似。有的帛书会以黑色或红色画出行格，类似今日之信笺，称为乌丝栏、朱丝栏。帛书最大的优点是由于材质轻柔平滑，易于着墨书写，而且携带起来十分方便。最大的缺点是自身材质的原因，造成成本高，不利于广泛使用，只能局限于贵族阶级使用。（如图 2-7 至图 2-9）

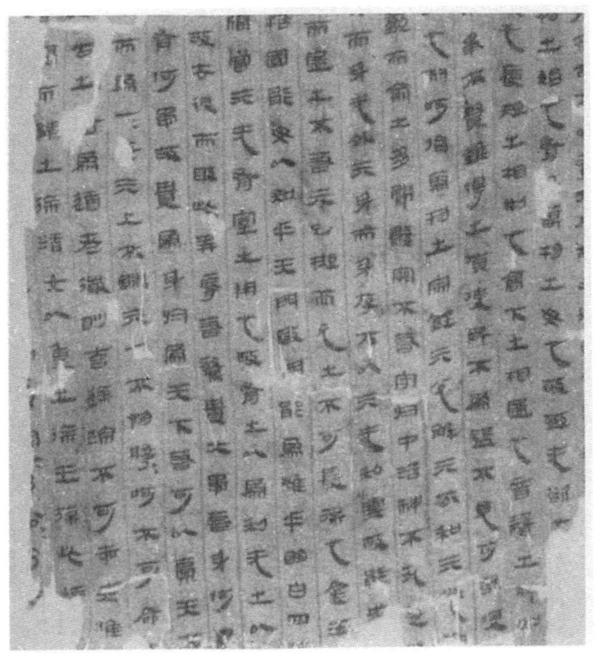

图 2-7 帛书

图 2-8　帛书

图 2-9　帛画

在东汉时期，蔡伦的造纸术发明使书籍形式发生了巨大的变化。而当时“废简用纸”的规定以及对于书写用纸颜色和规格的统一，使纸张迅速成为书籍的主要材料。而隋唐时期的雕版印刷术的发明不仅是我国文明的一次飞跃，还加快了信息传播的速度和范围，也在客观上刺激了书籍形式的改变。（如图 2-10、图 2-11）

图 2-10　蔡伦

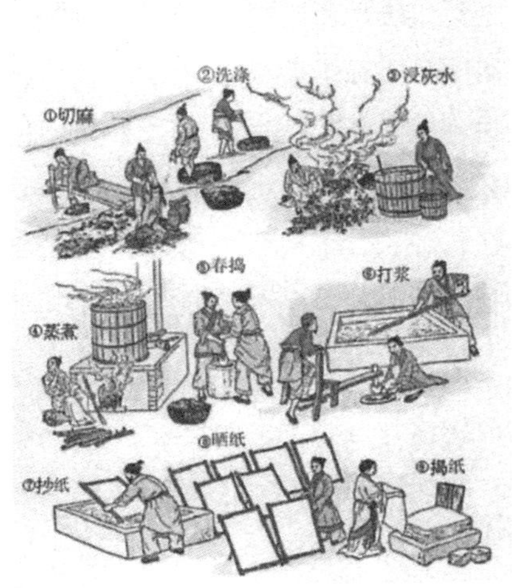

图 2-11　造纸过程

卷轴装源于帛书。卷轴装是我国历史上使用时间最久的一种书籍形式，它始于周代，主要存在于魏晋南北朝，隋唐纸书盛行时应用于纸书，以后历代均沿用。这种中国最古老的装帧形式，由于其特点是将长篇卷起来，方便保存，因此现代装裱字画仍沿用卷轴装。

卷轴装书主要由四个部分组成，分别为卷、轴、褾、带。卷是书的主体，是以纸或者帛做成的，汉代之后均采用纸质。轴是用来旋转卷的木制的带漆的细木棒，也有贵族采用珍贵的材料如琉璃、象牙、珊瑚等。卷的左端卷入轴内，而另外一端就留在外面。褾是保护卷子免于破裂的俗称“包首”。带是用作缚扎的，是黏附在褾头上的一种不同色彩的丝织品。

卷轴装行列有序，与简策相比舒展自如、便捷，可一纸或多纸粘裱于一起，谓一卷。但是卷轴装也有其缺点：例如进行查阅时，必须要从头打开，舒卷不是非常方便。直到雕版印刷术发明以后，由于版面的限制，书籍装帧才逐渐发展为旋风装和经折装。它们都是卷轴装向册装转变过渡的形式。(如图 2-12)

图 2-12 卷轴装

经折装是卷轴装后的一个装帧飞跃，使书籍形式逐步走向翻页的装帧结构。

最初这种书籍装订形式是由佛教传进中国的，书籍的内容主要以经文为主，因此被称为经折装。

这种书籍将本来的卷轴形式的卷子纸张不用卷的方式，而是采用反复左右折合的办法折成长方形的折子形式。首尾同定在尺寸相等的厚板纸或者木板上作为封面和封底。经折装的封面有两种形式，有封底封面分开的，也有封底封面连接的，加上封面的设计，这种书籍的形态已经接近现代书籍的装帧形式，因此经折装的书籍也是中国书籍装帧历史上向册页式书籍的过渡。它比卷轴装更加方便翻检，可以快速找到自己查阅的那一页。所以，在隋唐尤其是唐代和以后相当长的时间里，经折装这种折子形式的书籍装帧形式得到了广泛应用。(如图 2-13、图 2-14)

图 2-13　经折装 1

图 2-14　经折装 2

书籍装帧还有一种形式叫旋风装，是将写好的书页按照内容的先后顺序逐张粘贴在事先准备好的卷子上面。这其实是卷轴装的一种变形。阅读时从左向右逐页翻阅，收卷时从卷首卷向卷尾。这种装帧形式在唐代的时候曾经流行过一段时间。（如图 2-15、图 2-16）

旋风装实际上是就是经折装的变形产物。据考证，可能是当时僧侣们在诵经的时候经折装存在不方便的地方，人们便在经折装的基础上进行了改进。古人利用一张大纸对折起来，一半粘在书的最前面，另一半从书的右边包到背面，粘在末页使之成为前后相连的一个整体。如果从第一页翻起，一直翻到最后，仍可接连翻到第一页，回环往复，不会间断，遇到风吹的时候书页随风翻转犹如旋风，因此得名旋风装。

图 2-15　旋风装 1

图 2-16　旋风装 2

唐、五代时期，雕版印刷盛行，印刷数量的加大促进书籍装帧的发展，以往的书装形式已难以适应飞速发展的印刷业，促成了书籍形式的演变。蝴蝶装起始于五代（公元 10 世纪），盛行于宋代，宋代是雕版印刷术发明后刻书的全盛时期，至元代（公元 13 世纪）逐渐衰落。

蝴蝶装是册页的最初形式。其不像旋风装页页相连，而是书页反折，并将折口一起粘在一张包背的硬纸上。蝴蝶装就是将印有文字的纸面朝里对折，再以中缝为准，把所有页码对齐，用糨糊粘贴在另一包背纸上，然后裁齐成书。

蝴蝶装由于翻动时像蝴蝶展翅，因此得名。叶德辉《书林清话》中记载：蝴蝶装者不

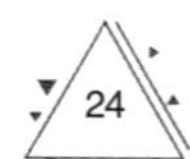

用线订，但以糊粘书，夹以坚硬护面。以版心向内，单口向外，揭之若蝴蝶翼。此装帧方法避免了经折装和旋风装书页折痕处易断裂，也省却了将书页粘贴成长幅的麻烦。蝴蝶装的封面大多采用硬纸，也有裱背上绫锦丝织的。（如图 2-17、图 2-18）

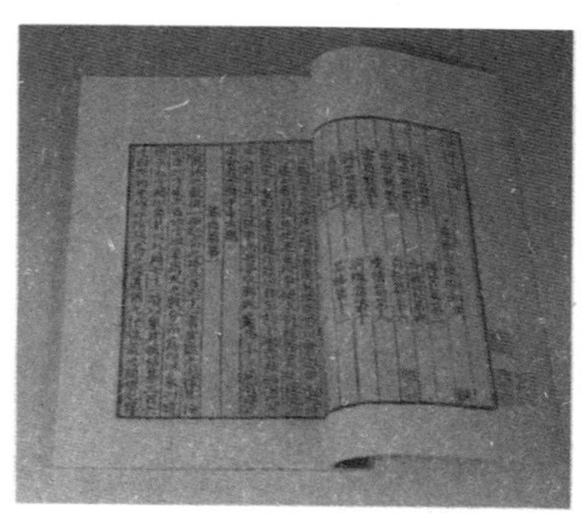

图 2-17　蝴蝶装 1

图 2-18　蝴蝶装 2

包背装，近似于现在的平装书。包背装与蝴蝶装的主要区别是对折页的文字面朝外，背向相对。张铿夫在《中国书装源流》中说："盖以蝴蝶装式虽美，而缀页如线，若翻动太多终有脱落之虞。包背装则贯穿成册，牢固多矣。"因此，到了元代，包背装取代了蝴蝶装。包背装的书籍除了文字页是单面印刷，且又每两页书口处是相连的以外，其他特征均与今天的书籍相似。把印好的书页白面朝里，图文朝外对折，然后配页后将书页折缝边撞齐、压平。再把折缝对面的级边，粘在供包背的纸页上，包上封面，使其成为一整本书。这样的装订方式称为包背装。

包背装解决了蝴蝶装开卷就无字及装订不牢的弊病，但因这种装帧仍是以纸捻装订，包裹书背，因此也还只是便于收藏，仍经不起反复翻阅。为了解决这个问题，明朝中期以后，一种新的装订办法便逐渐兴盛起来，这就是线装书。（如图 2-19 至图 2-20）

图 2-19　包背装 1

图 2-20　包背装 2

线装书是中国古代书籍的基本装帧形式，它的时代也代表着古代书籍装帧技术发展最富代表性的阶段。据文献记载，唐末宋初已有用横索书背后，再连穿下端透眼横索书背，

最后系扣打结的形制的痕迹。但在明清时期才盛行起来，流传至今的古籍善本颇多。线装书在我国古籍的册页制度书籍中，已经达到了完善成熟的程度，形成了我国特有的装帧艺术形式，具有极强的民族风格。

线装，不用整纸裹书，而是前后分为封面和封底，不包书脊，将单面印好的书页白面向里、图文朝外地对折，经配页排好书码后，朝折缝边撞齐，使书边标记整齐，并切齐打洞、用纸捻串牢，再用棉线或丝线装订成册。常见的是四针眼法，也有六针眼、八针眼法。最后在封面上贴以签条，印好书根字（即书名），成为线装书。

有的珍善本需特别保护，就在书籍的书脊两角处包上绫锦，称为“包角”，也是古代书籍装帧技术发展最富代表性的阶段。北宋末期出现线装书，到清代线装书成为独具民族风格的书籍装帧。线装书的形式是书籍装帧发展成熟的标志，这种书籍装帧形式直到中国近代社会还被广泛使用，甚至到了现代，一些书画、字帖和古籍书还是采用线装这种装帧形式。

线装书的材质已经是较为成熟的纸质材料，书册相对就比较柔软，所以就出现了函套设计。线装书套多用纸板制成包在书的周围，即前后左右四面，上下切口均露在外面，也有用夹板保护的。书籍的四合套和六合套，在开启处挖成多种图案形式，如月牙形、环形、方形、如意形等。书函是以木做匣，用于线装书。匣可做成箱式，也可以做成盒式，开启方法各不相同。制匣多用楠木，取木质本色。也有用纸做成盒装的，有单纸盒和双纸盒，形式多样。函套使书籍装帧的整体设计水平又进一步得到了提高。（如图 2-21 至图 2-24）

图 2-21　线装书 1

图 2-22　线装书 2

图 2-23　线装书 3

图 2-24　线装书 4

二、外国早期的书籍装帧发展历程

公元前3500年左右，苏美尔人发明了楔形的象形文字。这种源于底格里斯河和幼发拉底河流域的古老文字是世界上最早的文字之一。在其约3000年的历史中，楔形文字由最初的象形文字系统随着社会生活逐渐发展。象形文字很难表达复杂而抽象的概念，于是象形文字发展为表意文字。苏美尔人的文字最初刻在石头上，但因美索不达米亚的石头很少，同时又不生长纸草，于是他们把文字写在软泥板上，然后把它烘干。泥板在晒干或烘干之后可以长期保存。制作的泥板大小不一，最大的一般不超过50厘米；因此篇幅较长的文学作品，现在我们还能看到的有3万多块。这种文字后来为巴比伦人、亚述人和波斯人所广泛采用，对科学文化的交流与传播起了重大的作用（如图2-25）。

图2-25　软泥板

大约在公元前3000年，古埃及人发明了象形文字，他们用当时盛产于尼罗河三角洲的纸莎草的茎制成纸，称为“莎草纸”（如图2-26）。纸卷在木头或者象牙帮上，呈卷轴的状态。平均为6米长，这也是目前可认知的一种书籍形态。古埃及人将莎草纸出口到古希腊等古代地中海文明地区，甚至遥远的欧洲内陆和西亚。莎草纸一直使用到8世纪左右，后来由于造纸术的传播而退出历史舞台。在埃及，莎草纸一直使用到9世纪才被阿拉伯传入的廉价纸张代替。莎草纸在英语中写作papyrus，它是希腊语π π υ ρ ο（papuros）的拉丁文转写，这也是英文中“纸（ paper）”一词的词源。

图 2-26 莎草纸

莎草纸消亡以后，制作莎草纸的技术也因缺乏记载而失传。后来跟随拿破仑远征埃及的法国莎草学者虽然收集到古埃及纸的实物，也没能复原其制造方法。直到 1968 年，埃及首任驻中华人民共和国大使哈桑拉杰布先生重新发明了制作莎草纸的技术。

在古罗马时期，罗马人发明了蜡书。就是在蜡版上进行书写，而蜡版就是涂有蜡的小木板，一般采用黄杨木或者其他木材。具体做法为在木板表面涂以一层蜡质，使用象牙或者金属雕刻器具尖锐的一端在木板上进行刻画，而另外扁平的一端则用来修改并涂抹出新的平面。蜡版是世界上最早的、可重复使用的记事簿，也是最原始的一种图书之一。由于可以反复地进行使用，罗马人在日常生活（如通信和记事）和行政方面经常用这种工具。

羊皮纸于公元前 2 世纪出现于小亚细亚的帕加马。埃及托勒密王朝为了阻碍帕加马在文化事业上与其竞争，严禁向帕加马输出埃及的莎草纸。公元前 170 年左右，帕加马国王欧迈尼斯二世发明了羊皮纸（如图 2-27）。羊皮经石灰处理，剪去羊毛，再用浮石软化，然后裁剪成页或连缀成册或粘成长幅，便成了这种新的书写材料。事实上，羊皮纸并不仅由小羊皮做成，有时也用小牛皮来做。羊皮纸之所以会逐渐取代莎草纸的原因在于，它两面都能书写，而且能够让鹅毛笔的书写呈现饱满的色彩，而且经久耐用，装订成册也不成问题。缺点是相当昂贵，制作也比较耗时耗工。从公元前 2 世纪起，欧洲社会普遍使用羊皮纸与莎草纸，14 世纪起逐渐被中国的纸所取代。但仍有些国家使用羊皮纸书写重要的法律文件，以示庄重，它仍用于某些正式场合。羊皮纸的出现，书的形式才发生了真正的改变。它的形式从卷轴变成了册籍。一本册籍书的内容相当于好几卷的卷轴书内容，册籍比卷轴更利于人们阅读，也易于携带、便于收藏。

图 2-27 羊皮纸

在国外印刷术发明之前，书的出版复制都是以手抄本的形式完成的。当时，抄书人制作手抄本时，偶尔会在每个章、节或者段落的开始用木头做的浮刻大写字母压印在纸上。然而，这种木版雕刻也源自中国。它的制作方法就是在一块雕刻了图案或者文字并且凸出的木板上着油墨，然后覆盖上纸进行拓印。在 15 世纪的欧洲，木版雕刻大部分为宗教题材。而这一时期由于全开纸拓印的局限性，四开的小册本就出现了，并渐渐发展成为一种书籍类型。与此同时，书籍的装帧艺术也得到了极大的发展。当时的教堂和宗教将文字和书籍看得相当重要，认为书籍是神的精神容器，经常不惜费用加以装饰。书籍封面起着保护装饰的作用，材料多选用皮质，有时配以金属的角铁、搭扣使其更加坚固。黄金、象牙、宝石等贵重材料也经常用于装饰封面，昭示着书籍所有者的社会地位。这使西方很早就确立了坚实华丽的“精装”书籍传统。（如图 2-28 至图 2-30）

图 2-28 精美的古书

图 2-29　精装古书籍

图 2-30　木刻版

纸的出现，才促使印刷技术得以发明以及创造。造纸术由中国在公元 2 世纪初发明的，而大约在 13 世纪，才经由阿拉伯传入西欧国家。不过到了 15 世纪初，纸张才开始被广泛使用。因为当时纸张的基本成分为破布，与之前使用的羊皮纸具有不同的表面特质，并且它比较脆弱，容易破损。起初只被当成劣等羊皮的替代品不被重视，一直到 14 世纪晚期的时候，纸张在许多用途上的优势才开始渐渐地显示出来，并且能大量生产，至此才开始被广泛使用。(如图 2-31)

图 2-31　纸张书

但是随着欧洲航海业的发展，各地域的交流逐渐频繁，经济和文化迅速发展，人们的视野也开阔起来。人们对书籍的需求也随之增大。这些都在客观上刺激着欧洲现代印刷术的发明，各个国家都在积极探索新型的印刷方法。

欧洲印刷的真正起点与活字印刷的发明紧密相连。直到 15 世纪，真正把活字印刷技术发展完善的是一位叫作约翰 · 谷登堡的德国人。他于 1448 年前后发明用铅合金制成活字版，他被誉为金属活字印刷术的发明者。其实，活字印刷术在中国早已出现。活字印刷术是在 11 世纪中期，中国北宋庆历年间（1041 年—1048 年）天才工人毕昇所发明的，是先用木、后以泥为原料制成的。这是世界上最早的活字，它比谷登堡应用的活字早 400 多年。谷登堡活字印刷的原理是把很多金属活字组合在一起，工人可以随意挑选文本所需活字。

1454 年，谷登堡运用金属活字印刷术，印出完整的书籍——《四十二行拉丁文圣经》。（如图 2-32、图 2-33）

图 2-32　谷登堡

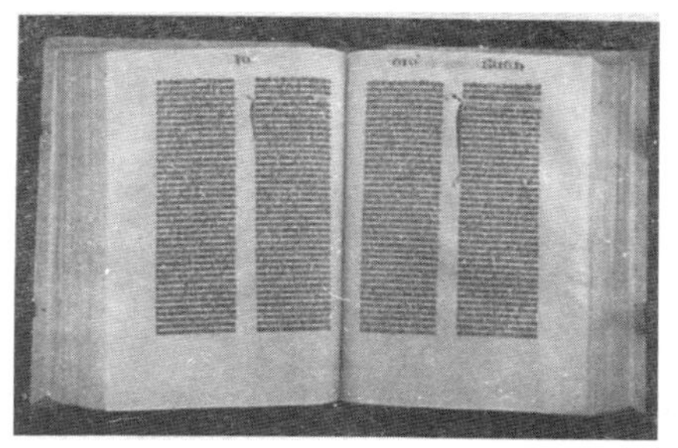

图 2-33 《四十二行拉丁文圣经》

这是第一本因其每页的行数而得名的印刷书。这本书也是活字印刷史上一个决定性的里程碑，具有跨时代的意义，从此欧洲走向了从手抄本到印刷本的过渡时期。此时，书的文字印刷完成后，还要插入图画与各种装饰，可以说并不算最终完成。这就要靠手工绘制上装饰如首写字母和框饰等，并加上标点符号。还要运用带有插图的木版，因为开始时活字版与木版是分开印刷的，后来为了提高工作效率，木版便被插到活字印版中一起印刷。（如图 2-34、图 2-35）

图 2-34 手工绘制

图 2-35 印刷工具

摇篮本是专指自 15 世纪 50 年代至 15 世纪末这一期间，印行的早期活字印刷文献的称呼。摇篮本在字体、标点符号、版式及纸张等方面均与后来的印刷物有所不同。17 世纪中叶，欧洲开始收藏摇篮本，18 世纪晚期在英国达到高潮。摇篮本仍保持手抄本题材，字首均留空白以红字填写或装饰花边，刊记都在末页而没有表题页，甚至许多没有刊印年月、刊印者名字、页码等项。书本早期较大，多为对开本（ folio）或大型四开本（large quarto），携带较为方便。其时各印刷者所用活字都自铸，有自己独特字体。其中比较有名的有谷登堡等人的哥德体（Gothic）。（如图 2-36）

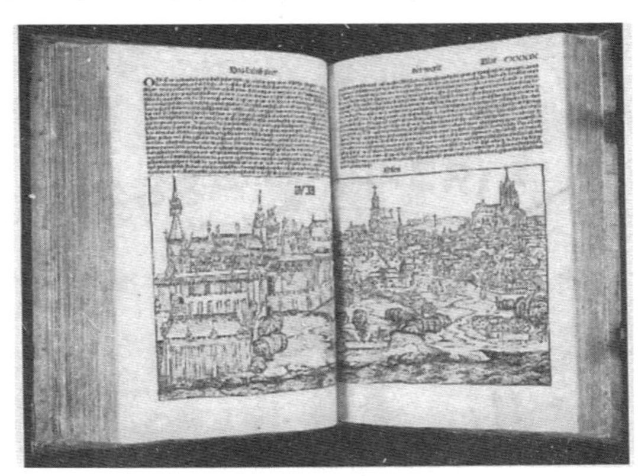

图 2-36 哥德体

文艺复兴是 14 世纪在意大利兴起 16 世纪在欧洲盛行的一个思想文化运动。而在 15 世纪末开始，德国的印刷以及设计方法流传到欧洲各国，使欧洲在这个时期的书籍设计得到了高速发展，其中以平面设计和字体设计最为突出。欧洲新生的资产阶级逐步取代教会在艺术与文化领域上的地位，其显著特点是人成为社会生活与艺术的核心，而对神的歌颂与肯定逐渐弱化，书籍成为大众的阅读品而不仅仅是宗教的专利。文艺复兴时期，人文主义者从中世纪的传统中解放出来，挽救并恢复古典理论文本的原貌，修编后重新发行。这样便与出版商和印刷商紧密合作，使图书业产生了一次质的飞跃。这一时期，各国的印刷技术与印刷方法都在不断改进和提高。

在文艺复兴的中心意大利，书籍装帧大量地采用花卉图案，卷草图案广泛运用在书本中。而在版面的组织和编排方面，书籍的版面设计逐渐取代了木刻制作与木版印刷，文字和插图可以灵活地排放在一起。书籍出版业的繁荣促进了相关设计的发展，涌现出了许多杰出的书籍设计家、插图设计家、版式设计家、字体设计家，书籍出版商标相应成形，标点符号、页码标示广泛使用，使购买者与阅读者易于确认和查找。（如图 2-37、图 2-38）

图 2-37　各类标示 1

图 2-38　各类标示 2

阿杜斯玛努提斯是文艺复兴时期意大利书籍出版业的重要人物，他拥有自己的印刷厂，印刷出版了许多涉及宗教、哲学的书籍。他所出版的书籍中插图运用较少，都集中于文字的排版。首写字母的装饰是主要装饰，往往采用卷草纹饰环绕首字母，在版面的整体中求变化。

第二节　近代书籍设计的发展

一、中国近代书籍设计

20 世纪初，我国书籍出现了平装本和精装本，书籍装帧方法在结构层次上发生了变化。这是因为西方的现代印刷技术促使我国的书籍装订工艺出现了巨大转折，由线装本向以工业技术为基础的装订本转变。封面、封底、扉页、版权页、护封、环衬、目录页、正页等新的书籍设计名词出现在中国书籍设计的历史中。

1919年五四运动前后，新文化运动使中国文化出现了新的高潮。书籍装帧艺术进入一个崭新的时代，得到了较大的发展。新文化运动提倡科学和民主，打破一切陈规陋习，从技术到艺术形式都用来为新文化的内容服务。书籍作为文化传播的载体，自然吸引了大批艺术家参与到书籍装帧工作中。

鲁迅先生站在中国书籍艺术革新运动的最前沿，是现代书籍艺术的倡导者。他亲身实践，设计了数十种书刊封面。鲁迅先生对封面设计，从一开始就不排斥吸收外来影响，更不反对继承民族传统，尊重书籍设计者的个人创造和个人风格。他对于民族的书籍艺术有很深的研究，同时也能吸取国外书籍艺术的精髓。他提出“天地要阔，插图要精，纸张要好”，这是他对书籍设计的基本要求。

由于鲁迅先生的倡导，书籍艺术出现了一个繁荣的时期。许多画家和作家参与了书籍设计和插图创作，如陶元庆、闻一多、司徒乔、王青士、钱君匋、孙福熙、陈之佛、丰子恺等人。

1949年以后，出版事业的飞跃发展和印刷技术与工艺的进步，为书籍装帧艺术的发展和提高开拓了广阔的前景。出版总署在北京成立，统一领导全国的出版、印刷和发行工作。中国的书籍装帧艺术呈现出多种形式、风格并存的格局。1956年，中央工艺美术学院专门成立了书籍设计专业，由著名的书籍设计艺术教育家邱陵主持，为书籍设计事业培养了大批优秀的后续力量。

进入20世纪80年代，改革开放政策极大地推动了装帧艺术的发展。国内外文化艺术交流的增多，带动了国内学术思路的更新，书籍设计呈现一片繁荣景象。这一时期出现了大量优秀书籍设计作品，如邱陵的《红旗飘飘》、陶雪华的《神曲》等。

20世纪90年代以后，大量国外优秀书籍设计刊物被翻译出版，极大地开阔了书籍设计的视野。同时，现代设计观念和现代科技的积极介入，我国的书籍装帧艺术水平越来越高，逐渐走向国际。同时，在借鉴外国设计形式以及传承民族传统设计元素方面，我国的设计工作者也做了大量的研究和努力。(如图2-39至图2-48)

图 2-39　《红旗飘飘》

图 2-40　《学生漫画》

图 2-41　《曼殊小说集》

图 2-42　《涂了口红的手绢》

图 2-43　《教育心理学》

图 2-44　《新生》

图 2-45 《音乐的听法》

图 2-46 《苦闷的象征》

图 2-47 陶元庆作品 1

图 2-48 陶元庆作品 2

二、国外近代书籍设计

现代工业的发展带来了书籍生产以及设计格局的重大转变。在工业化、民主政治和城市化浪潮的推动下，19 世纪的书籍由传统的手工业转为出版社的机械化生产，印量成倍增长。同时，报纸和杂志的发行量也猛增，从而出现了大众传播的社会现象。但是大工业生产同时带来了很多问题，分工的细化以及资本家为了追求利益，致使书籍设计失去了原有的质量，呈商业化设计趋势。在这种情况下，许多艺术家便投入了书籍艺术的革新运动中，他们的共同愿望是反对当时正在泛滥的文化虚无主义，这场设计运动首先从书籍的印刷字体开始，在版面设计中展开，逐步扩大到插图艺术和封面设计上。

（一）英国的工艺美术运动

工艺美术运动（The Art&Crafts Movement）是 19 世纪下半叶起源于英国的一场设计改良运动。工艺美术运动产生的背景是，工业革命以后大批量工业化生产和维多利亚时期的繁琐装饰两方面同时造成的设计水准急剧下降，导致英国和其他国家的设计家希望能够复兴中世纪的手工艺传统。书籍设计可谓是“工艺美术”运动比较有成就的一面，以威廉·莫里斯为代表的工艺美术运动设计家带动了革新书籍艺术的风潮，在他的影响下，戴依、杰西·金等设计大师，创作了各种精美的书籍。他们致力于设计漂亮的字体，讲究的版面、图案以及插图设计。无论在字体，还是插图、版式方面都形成了独特的风格，影响了很多后来的平面设计家和插图画家。（如图 2-49、图 2-50）

图 2-49　莫里斯作品

THE NATURE OF GOTHIC.

WE are now about to enter upon the examination of that school of Venetian architecture which forms an intermediate step between the Byzantine and Gothic forms; but which I find may be conveniently considered in its connexion with the latter style. ¶ In order that we may discern the tendency of each step of this change, it will be wise in the outset to endeavour to form some general idea of its final result. We know already what the Byzantine architecture is from which the transition was made, but we ought to know something of the Gothic architecture into which it led. ¶ I shall endeavour therefore to give the reader in this chapter an idea, at once broad and definite, of the true nature of Gothic architecture, properly so called; not of that of Venice only, but of universal Gothic: for it will be one of the most interesting parts of our subsequent inquiry, to find out how far Venetian architecture reached the universal

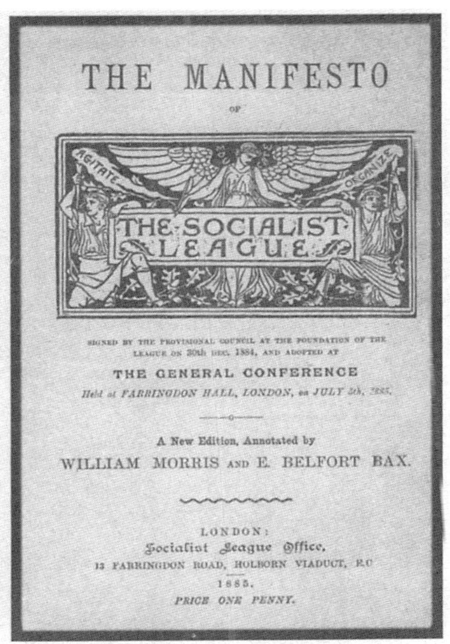

THE MANIFESTO

OF

AGITATE　ORGANIZE

THE SOCIALIST LEAGUE

SIGNED BY THE PROVISIONAL COUNCIL AT THE FOUNDATION OF THE LEAGUE ON 30th DEC. 1884, AND ADOPTED AT

THE GENERAL CONFERENCE

Held at FARRINGDON HALL, LONDON, on JULY 5th, 1885.

A New Edition, Annotated by

WILLIAM MORRIS AND E. BELFORT BAX.

LONDON:

Socialist League Office,

13 FARRINGDON ROAD, HOLBORN VIADUCT, E.C.

1885.

PRICE ONE PENNY.

图 2-50　莫里斯作品

（二）新艺术运动

新艺术运动（ art nouveau）开始于 19 世纪 80 年代，在 1890 年至 1910 年达到顶峰。装饰艺术运动是传统设计与现代设计之间的一个承上启下的重要阶段。其中包括：因时髦的先锋派期刊《青年》而得名的德国青年风格，维也纳的维也纳分离派运动，等等。艺术运动以自然风格作为自身发展的依据，强调自然中不存在直线在装饰上突出表现曲线和有机形态。这种风格中最重要的特性就是充满有活力、波浪形和流动的线条。这种风格影响了建筑、家具、产品和服装设计，以及图案和字体设计。

新艺术运动在书籍设计方面取得成果最多的主要是德国青年风格派和维也纳分离派。德国青年风格派最具有代表性的人物就是彼得·贝伦斯，他设计了一种新颖的字体，从而使当时德国杂乱无章的书籍版面得到了安定。而维也纳分离派的设计大师莫塞，他的书籍装帧、插图的设计，多以黑白色为主，明快、大方，更接近现代主义风格，其美学观点比其他人更加前卫与理性化，体现出欧洲设计从摆脱传统到走向现代的过渡风格，影响深远。（如图 2-51 至图 2-53）

图 2-51 莫塞作品 1

图 2-52 莫塞作品 2

图 2-53 莫塞作品 3

（三）现代主义运动

现代主义设计是从建筑设计发展起来的。20 世纪 20 年代前后，欧洲一批先进的设计家、建筑家形成了一个强力集团，推动所谓的新建筑运动。这场运动的内容非常庞杂，其中包括精神上的、思想上的改革，也包括技术上的进步，特别是新的材料的运用，从而把千年以来设计为权贵服务的立场和原则打破了，也把几千年以来建筑完全依附于木材、石料、砖瓦的传统打破了。继而，从建筑革命出发，又影响到城市规划设计、环境设计、家具设计、工业产品设计、平面设计和传达设计等等，形成真正完整的现代主义设计运动。其中，德国现代主义设计运动、荷兰风格派运动、俄国构成主义运动等都是现代主义设计旗帜性的代表。

俄国构成主义的代表人物是李希斯基，他的设计风格简单、明确，以简明扼要的纵横版面编排为基础。李希斯基代表性的书籍设计是儿童画册《两个正方形的故事》和马雅科夫斯基的《拥护》。书籍版式呈现出明显的构成主义风格，每一页的版式在编排中力求协调统一，使读者能够轻松地完成读书过程。（如图 2-54、2-55）

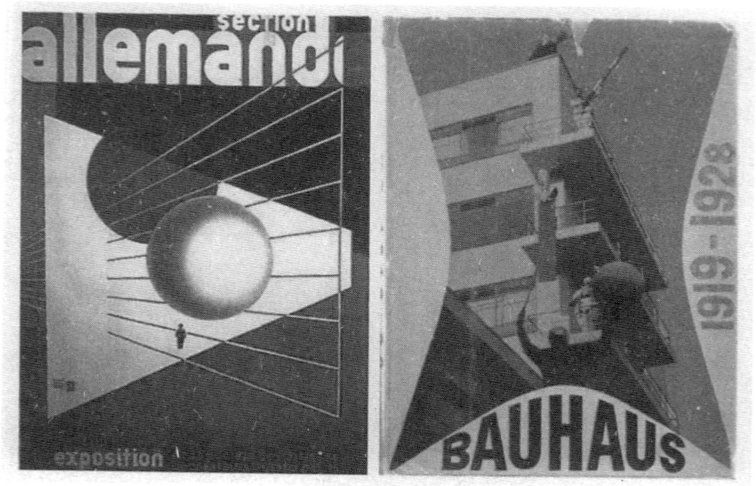

图 2-54 李希斯基作品 1

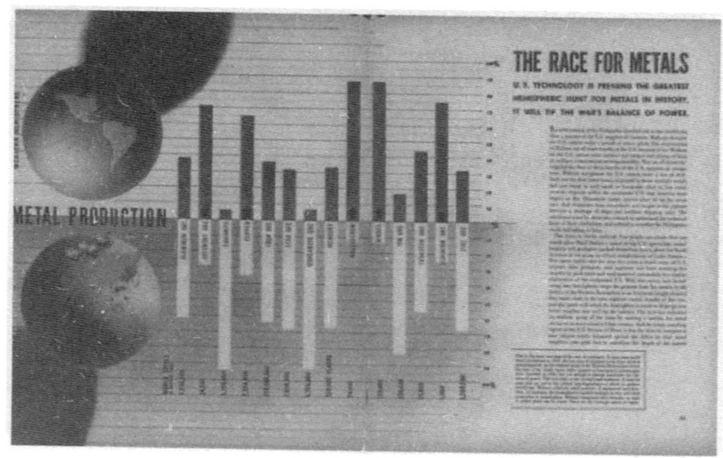

图 2-55 李希斯基作品 2

1917 年-1928 年，蒙德里安等人在荷兰创立荷兰风格派。其宗旨是完全拒绝使用任何具象元素，只用单纯的色彩和几何形象来表现纯粹的精神。用来维系这个集体的是当时的一本杂志《风格》，它的设计特点与构成主义的编排方式相似。因为《风格》杂志具有风格派运动的特色所以它成为运动思想和艺术探索的标志。(如图 2-56)

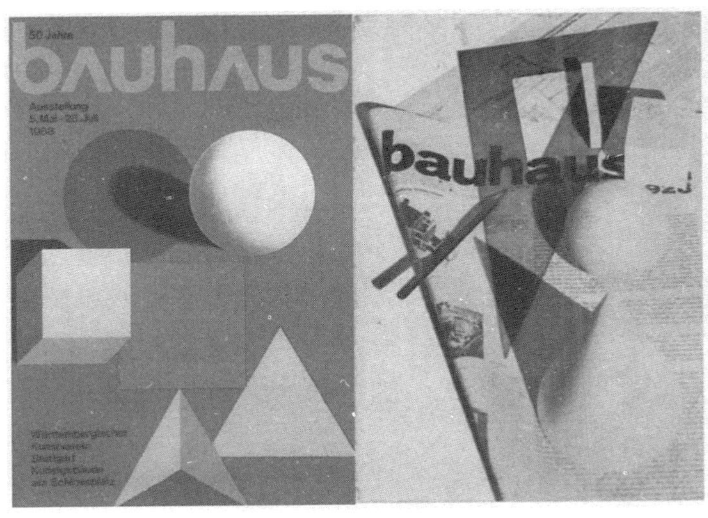

图 2-56 荷兰风格派

德国现代主义设计运动的代表是以瓦尔特·格罗皮乌斯为首开办的包豪斯设计学院。包豪斯设计学院的成立标志着现代设计的诞生，它培养了大量的建筑、产品、平面设计等各类人才，对世界现代设计的发展产生了深远的影响。包豪斯的平面设计基本是在荷兰的“风格派”和俄国的“构成主义”双方的影响下形成的，因此，具有高度理性化、功能化、简单化、减少主义化和几何形式化的特点。

莫霍里·纳吉是大量采用照片拼贴和抽象摄影技术来从事书籍设计的先锋人物之一。他有大量的设计作品，书籍设计尤为突出。他的设计强调几何结构的非对称性，完全不采用任何装饰细节等，具有简单扼要、主题鲜明和时代感等特点。他还擅长把自己对现代设计的理解和研究成果转化到设计作品中，如对现代印刷字体的创造与运用、电影的蒙太奇手段、摄影作品的拼贴等。他注重空间比例分割、色彩的对比调和、抽象的构成方法、构成文字化图形的结合，简洁鲜明，达到了迅速传达信息的效果。

赫伯特·拜耶负责包豪斯的印刷设计系，拜耶的设计风格常常是由强烈的视觉形象，几行斜的印刷字体，点、线、面合理分割画面，水平线、垂直线、斜线等组成的动态构图，以非对称的形式所构成的。20 世纪 20 年代末，他成为《时髦》杂志的艺术设计总编，开始投入商业刊物的平面设计工作，并且开始广泛采用刚刚出现的彩色摄影来设计封面和插图。《时尚》杂志 1930 年-1936 年的风格被称为“新线”，这个风格的创造人就是拜耶。

包豪斯出版的校刊《包豪斯》成为包豪斯现代平面设计试验的园地。这份刊物的大部分封面和版面设计都是由纳吉主持设计的，拜耶也参与了大量的具体设计工作。这份刊物的设计广泛采用了无边饰字体、简单的版面编排、构成主义的形式，突出了现代平面设计的功能性特点。（如图 2-57 至图 2-59）

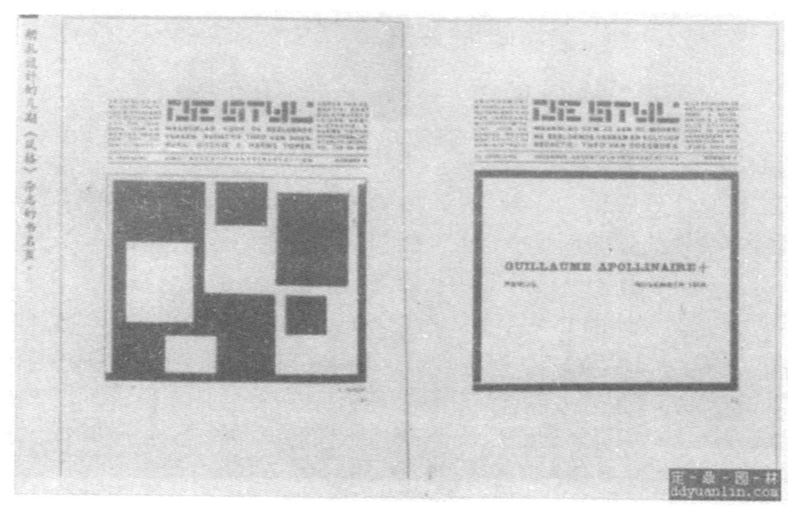

图 2-57 《风格》杂志 1

图 2-58 《风格》杂志 2

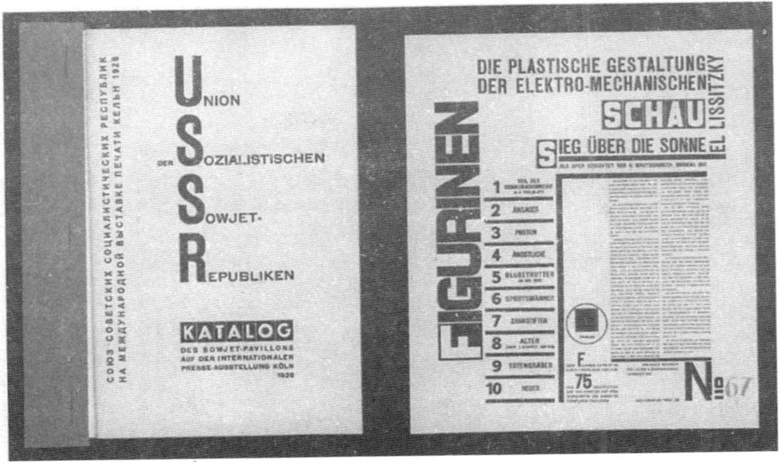

СОЮЗ СОВЕТСКИХ СОЦИАЛИСТИЧЕСКИХ РЕСПУБЛИК
НА МЕЖДУНАРОДНОЙ ВЫСТАВКЕ ПЕЧАТИ КЕЛЬН 1928
UNION
DER SOZIALISTISCHEN
SOWJET-
REPUBLIKEN
KATALOG
DES SOWJET-PAVILLONS
AUF DER INTERNATIONALEN
PRESSE-AUSSTELLUNG KÖLN
1928
DIE PLASTISCHE GESTALTUNG
DER ELEKTRO-MECHANISCHEN
SCHAU
SIEG ÜBER DIE SONNE
EL LISSITZKY
FIGURINEN
1
2 ANSAGER
3 POSTEN
4 ÄNGSTLICHE
5 GLOBETROTTER
6 SPORTSMÄNNER
7 ZANKSTIFTER
8 ALTER
9 TOTENGRÄBER
10 NEUER
F
75
№ 67

图 2-59 《风格》杂志 3

第三章 书籍装帧设计的基本原则

何谓美的书籍，简言之是那些读来有趣、受之有益、得到大众欢迎、内容与形式统一，并具有审美与功能价值的书籍。书籍的材料经历了一个漫长而有趣的历史发展过程，在早期人类文明的书籍形态中，由于不同文明、不同地域的人们对于书籍材料选择的差异，形成了远比现代丰富得多的书籍形态样式。

人们在翻阅书籍的过程中，能很明显地感觉到不同纸张所带来的不同触感，诸如光滑、细腻、柔和或是粗犷的肌理感受。不同的纸张具有不同的肌理，一些艺术纸张的肌理变化则更为丰富，给人强烈的艺术审美感受。这就要求现代书籍装帧在艺术设计和生产技术上要有较高的水平，两者要有更加完美的结合。在表现手法上可以借鉴各种艺术门类的元素来创造自己独特的艺术语言和形式美感。在书籍出版过程中装帧设计与其他环节相配合，达到书籍内容与形式相统一，使用价值与审美价值相统一，设计的艺术化与书籍主题的内涵相统一。

第一节 书籍装帧设计的审美性原则

书籍装帧在表现手法上可以调遣和借鉴任何艺术门类的元素来创造自己独特的艺术语言和形式美感，有非常宽广的形象构成领域和丰富生动的语言表现空间。优秀的装帧设计播散出美的信息和丰富的文化内涵，给人以高雅、清新的精神享受。它由最初的“装订成册”发展成为有独立审美价值的书籍艺术。文化内涵是书籍装帧的灵魂，以特定书籍的思想内容为依据，体现其特定的精神文化内涵，是书籍装帧艺术审美功能重要的文化特征。

书籍装帧以塑造美的艺术形象来表现主题，并用美的艺术形象唤起读者的审美意识，这是一个既有历史渊源又有广泛共识的明确而有指向性的原则（图 3-1）。

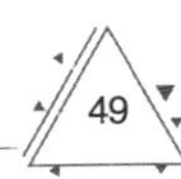

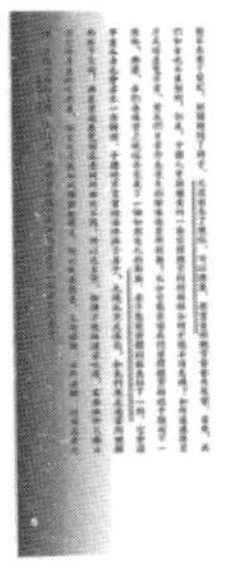

图 3-1　《围观》封面与内页

书籍作为传播信息和知识的载体，其首要目的是完成书籍的信息传播和阅读功能，书籍装帧设计要恰当而有效地传达书籍的内容，也就是说设计要与书籍的内容以及写作风格、种类相符合，做到形式与内容一致。书籍装帧设计的最终目的是为人们提供服务，但仅仅完成书籍的信息传播和阅读功能对于现代书籍装帧设计来说是远远不够的，这要求设计师在设计中要考虑到受众群体的性别、职业、年龄、文化程度、民族地区等方面的需要，设计风格要定位准确，满足不同受众群体的审美需求和欣赏习惯。

书籍装帧设计是门艺术，应遵循美感原则，要有艺术性。现代美学家克罗齐认为："美感虽然靠的是直觉，但它的直觉性也依赖于对象的形象，同审美对象而言，其存在本身就是共同的美感来源。"美感就是在装帧设计中我们要遵循的美学原则，能够使读者感受到或激发美的感受。虽然每个人的美感能力有所不同，但在一定程度上都有共同的美的基础，所以，我们在进行书籍装帧设计时要有意识地重视美的原则（图 3-2 至图 3-4）。

图 3-2　《The MAGIC THIEF》封面

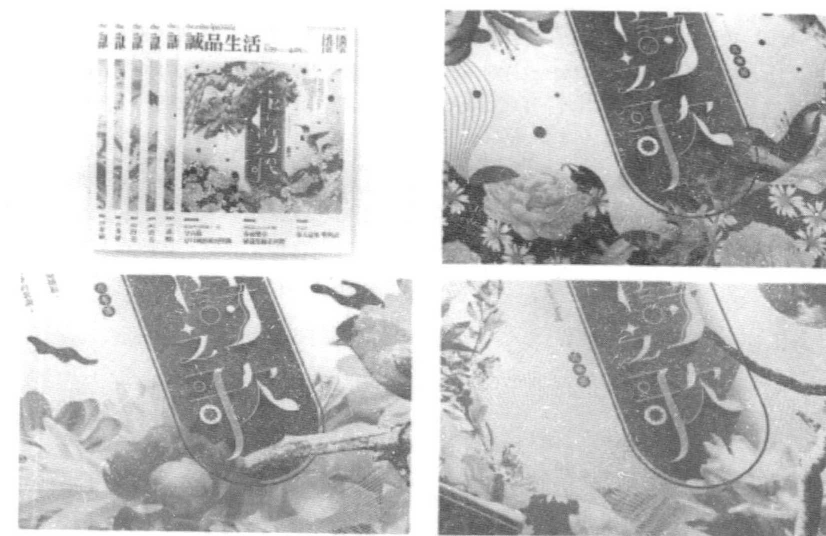

图 3-3 《诚品生活》杂志封面

《诚品生活》杂志封面选用了传统的植物与鸟类作为装饰元素，单色化的处理加以曲线，在封面的版式设计上形成了灵动优雅的韵律美，即使色调是复古的，也同样使这本杂志焕发出新的美感。

图 3-4 《a birra do morto》封面

这本书由 Phunk 工作室设计，书中包括亚洲许多国家的设计单位和设计师的作品，也将各国擅长的设计在此书中进行展示，如新加坡的品牌宣传设计、日本的包装设计、印度的电影海报设计等。其知名设计单位 W+K（SH）、IDN、Design360°等设计作品也收录在这本书里。

第二节　书籍装帧设计的整体性原则

作为一门独立的造型艺术，好的书籍不仅提供静止的阅读，更应该是一部可供欣赏、品味、收藏的动态戏剧。这要求设计师在设计时不仅要突出书籍本身的知识源，更要巧妙利用装帧设计特有的艺术语言，为读者构筑丰富的审美空间。通过读者的眼观、手触、品味、心会，在领略书籍精华神韵的同时，得到连续、畅快的精神享受。

书籍装帧设计要重视整体性原则，从这一基本设计理念可得出：装帧设计应为书稿服务，并且以完美体现书稿的整体面貌为任务。因此，设计师在面对书稿时，必须具有整体设计构思的能力（图 3–5）。

图 3–5　《兹林青年沙龙 2012》封面与内页

《兹林青年沙龙 2012》从封面到内页，从书背到书口，从内置画册到延展出的海报，无一例外地体现出设计师在设计该书时遵循了书籍设计中的整体性原则。即以一定面积的重色色块贯穿书籍的外部封面与内部文字内容，以少量蓝色字体协调整个版面的视觉平衡，以此达到形式与内容的完美统一。

一、书籍装帧设计形式与内容的统一

书籍的形式与内容是表和里的关系。书籍的整体设计离不开创意，好的创意要达到形式和内容的有效统一，除了表现书籍的信息，也要传达美的意念，使书籍的主题和意境更加明确，具有强烈的艺术渲染效果。书籍设计最重要的功能是以合适的形式来表现书籍的精神内涵，好的设计师可以充分调动各种视觉要素展现出书籍的和谐形态，经验不足的设计师则会顾此失彼、形神背离，或过分关注于局部的美而忽略了书籍的整体美感。

书籍的装帧要有效而适当地反映书籍的内容思想、特点和作者所要表达的内容，在将书籍的思想进行概括的同时也要对书籍的发行量进行预测，还需要兼顾不同的人所具有的不同的审美欣赏习惯，满足不同年龄、性别的需求。书籍装帧不仅要为书籍升华其外表形式，还要更新其内在的气韵，所以装帧不仅要赋予字体、图形、色彩等新视觉元素，还要赋予书籍更深层次的文化内涵，将不同的民族文化和元素表现给读者。要做好这些我们就需要掌握书籍本身的内容和思想，正确理解作者的本意，这样才能使书籍装帧更完美（图 3-6 至图 3-8）。

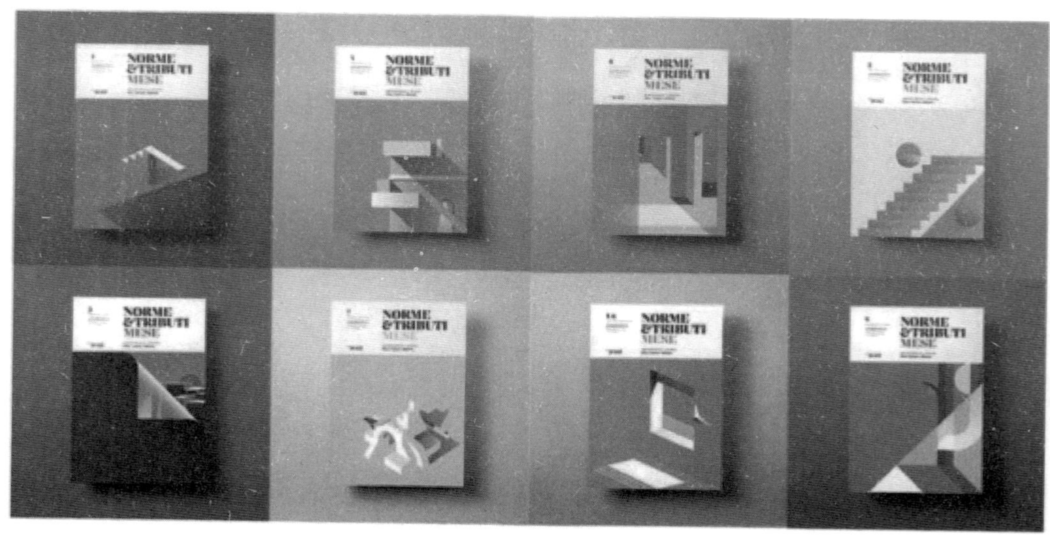

图 3-6　《24 小时太阳报》封面

《24 小时太阳报》是意大利的每日商业报纸。该报纸于 1965 年 11 月 9 日成立，起初叫 ILSOLE，其总部位于米兰。每一期报纸的封面都极具特点，以简洁的几何形体构建出生活中的各类元素，用色轻快明朗，给人以清爽的视觉体验。作为商业日报，《24 小时太阳报》打破了传统报业在封面上的千篇一律，它的出现无疑带来了报刊行业的另一种审美趋向。

图 3-7　《THE GUGGENHEIM》内页

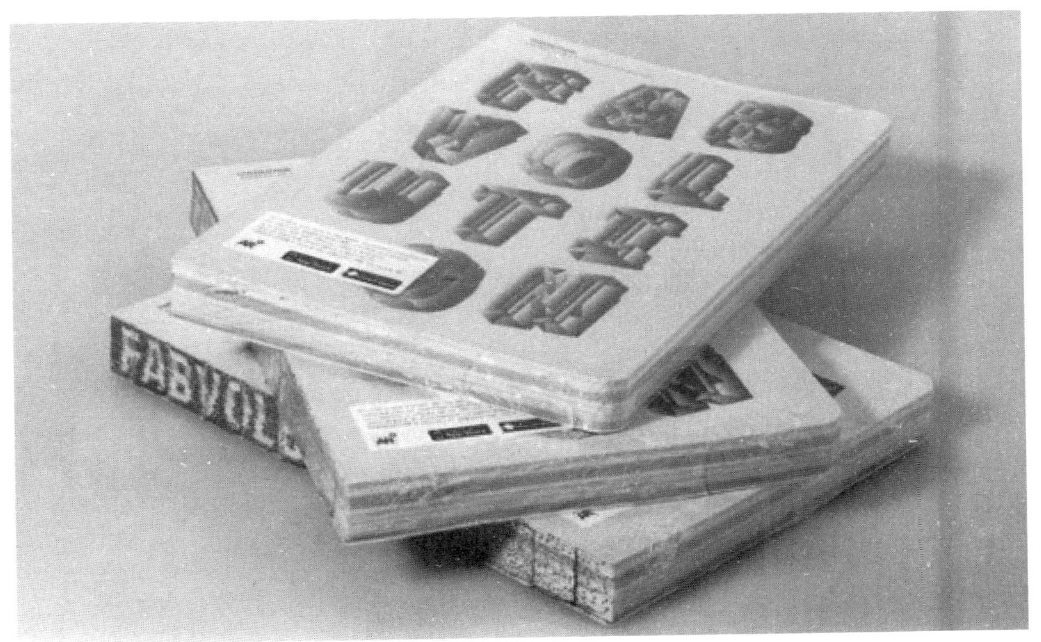

图 3-8　《FABVOLUTION》封面

二、书籍装帧设计局部与整体的统一

书籍作为一种特殊商品，集资料价值、参考价值、保存价值为一体，供人们阅读、欣赏和收藏。在市场经济迅速发展的今天，书籍的文化价值和商品价值早已引起出版者的高度重视，因此，“整体性”理念自始至终贯穿于书籍装帧设计之中。

书籍整体的和谐之美是由许多不同的个体组合构成的，它是评价一件书籍作品优劣的重要标准。书籍要以一个较好的形象展现在读者面前，这要求整体的设计和包装必须达到表里形象统一、性格鲜明突出，以凸显书籍的特点，而在茫茫书海里要凸显自我是相当不易的。整体设计是书籍设计的灵魂，只有当书籍设计有一个总的布局构想，才能使书籍的各种构成要素和谐统一，共存于书籍这个统一体中。因此，设计师必须以整体的审美观来协调书籍的各个构成关系，协调装帧设计局部与整体的关系，树立并遵循整体设计观念（图 3-9、图 3-10）。

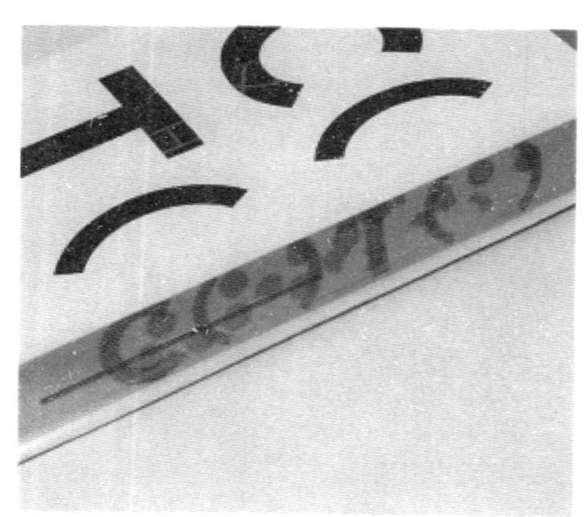

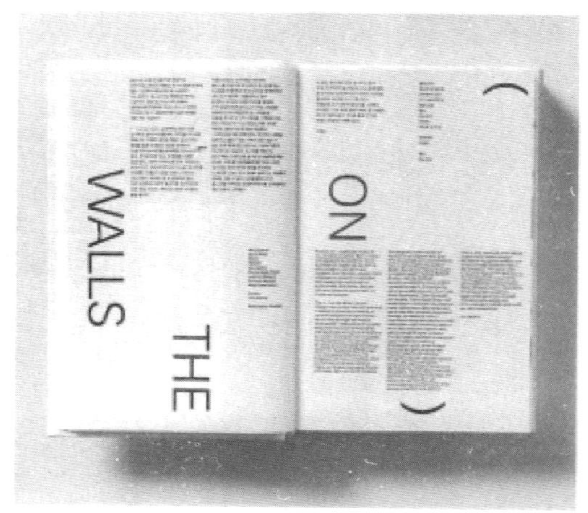

图 3-9 《韩国国际字体双年展作品集》封面与内页

第四届韩国国际字体双年展（The 4th International Typography Biennale）于 2015 年 11 月 11 日 ~12 月 27 日在首尔文化站 284 举办，展览内容涵盖了平面设计、当代艺术、装帧、新媒体、动态影像、城市及空间设计等。

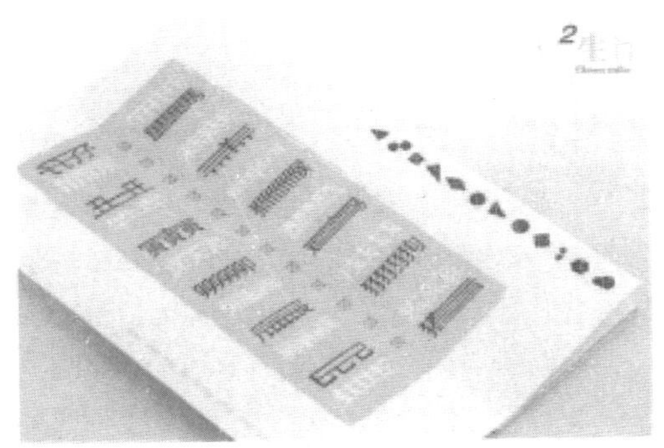

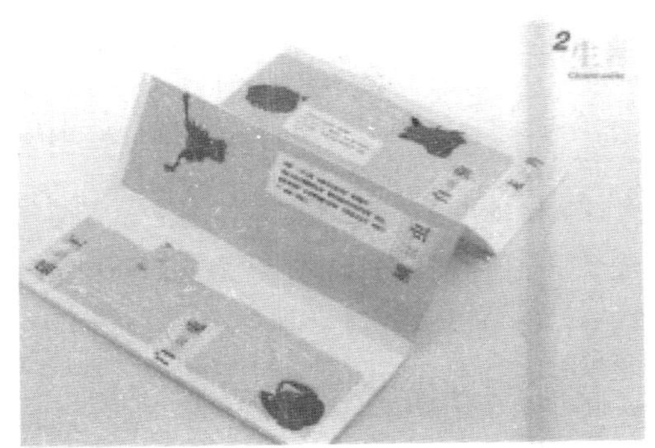

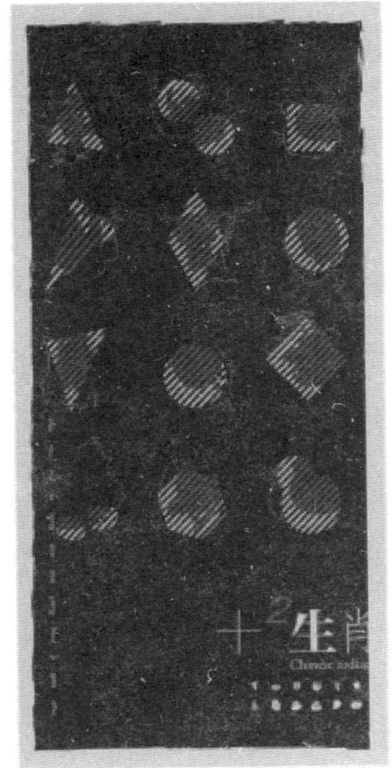

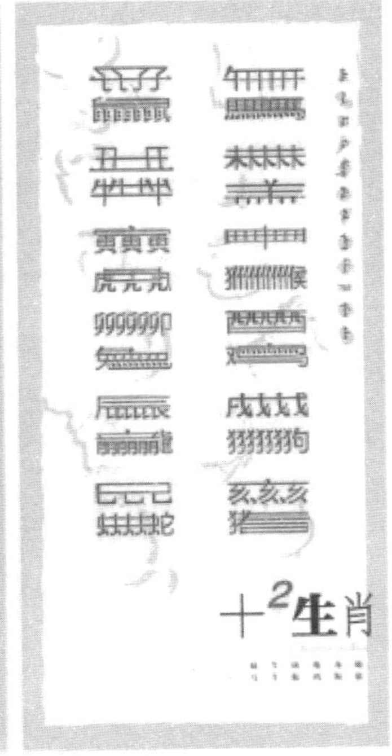

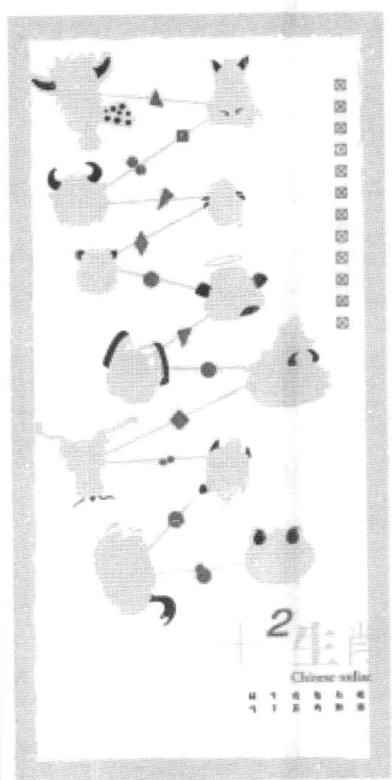

图 3-10　《十 2 生肖》内页

生肖也称“属相”，是中国和东亚地区的一些民族用来代表年份和人出生的年号，生肖的周期为 12 年，称为“纪年法”。《十 2 生肖》将中国传统十二生肖呈剪影形式展现，主要应用在书籍与书签中，书籍采用一个新的形式——旋风装与经折装的结合，书签则采用激光切割以突出生肖的特征。该设计选取了黄色、红色、白色与普蓝相结合的颜色。

在了解书籍内容以后，设计师要把握当前书籍的形态特征，提高书籍形态的可视性、可读性，处理好整体与各部分之间的关系，用理性和感性的思维方法来构筑合理的书籍系统。

书籍实际上是视觉艺术、印刷艺术、平面设计、编辑没计、工业设计、排版设计的综合艺术。在进行设计时要对书籍中的版面、色彩、文字、插图、扉页、护封、封面以及纸张、印刷、装订和材料进行总体的统筹编排，也就是从原稿到成书应做整体设计工作。当然，这是一个庞大而系统的工程，包括了多种多样的设计元素（图 3-11）。

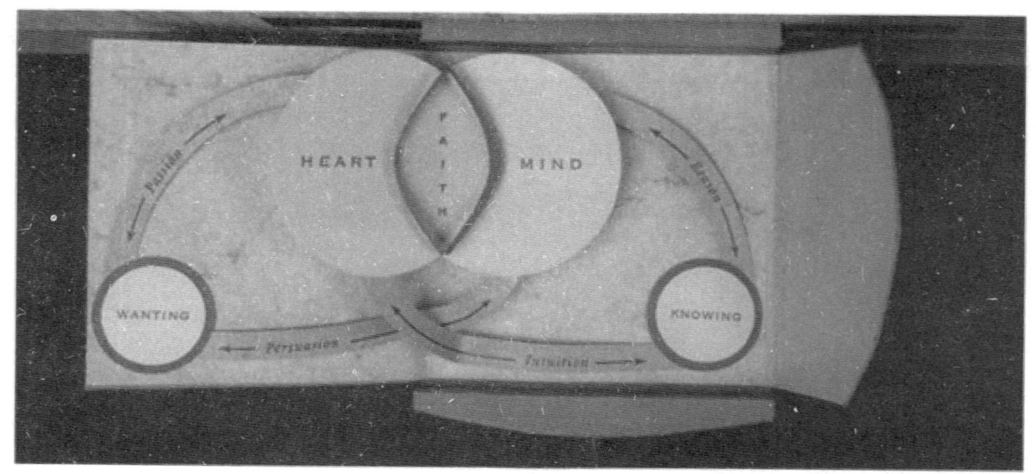

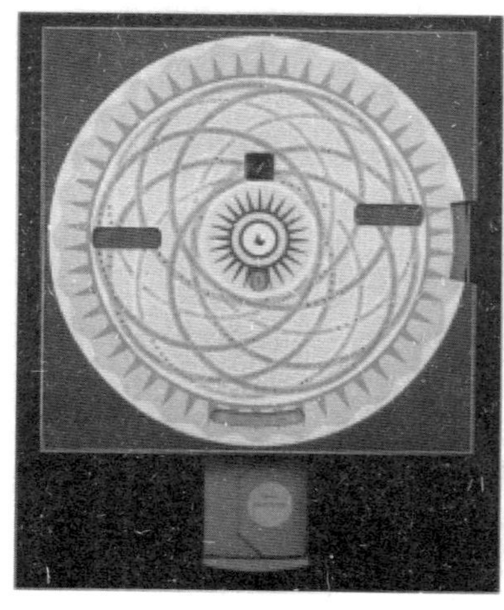

图 3-11 陈朱莉立体书籍

书籍装帧的整体设计包括两层含义：一是指注重书籍的所有构成要素的相互关系，它包括的设计元素有很多，如封面、扉页和插图设计就是其中的三大主体设计要素；二是指书籍装帧是一个整体而系统的设计活动，它更注重人们在翻阅书籍的过程中的感知。因此，在进行书籍装帧设计时要更注重对书籍形态的把握以及掌握读者在阅读过程中的节奏感。也就是说，在设计时应注重对书籍内容的理解以及读者在阅读过程时的感知优化，从而以书籍整体的设计作为媒介，增加作者与读者之间的互动感受（图 3-12）。

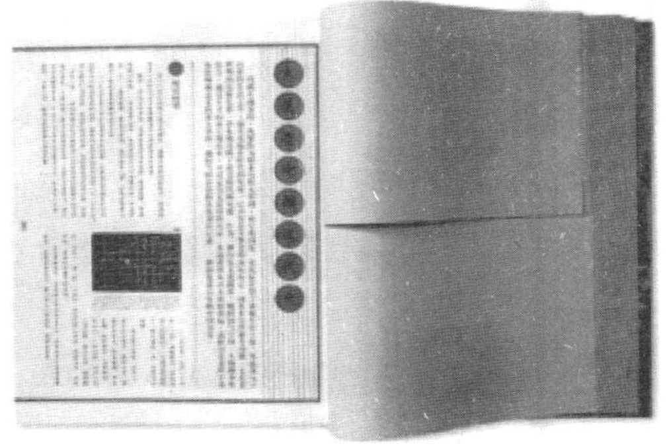

图 3-12　《集物志》封面与内页

三、书籍装帧设计功能性与艺术性的统一

书籍装帧设计的功能可以分为实用功能和审美功能两个主要方面。其中，实用功能是书籍最基本的功能，主要包括载录书稿内容、传播信息和知识、促进销售以及保护书籍等方面。审美功能主要指书籍的美观性，也就是书籍在满足人们阅读的同时，可以采用丰富的艺术手段和艺术语言增加书籍外在的艺术感染力，通过对书籍的形态美、装饰美、图文美、材料美、工艺美的表现使书籍的形式与内容更加完美地结合，使阅读产生优美的联想，烘托

阅读氛围，给予人美的享受，使书籍具有很高的欣赏价值与收藏价值（图 3-13）。

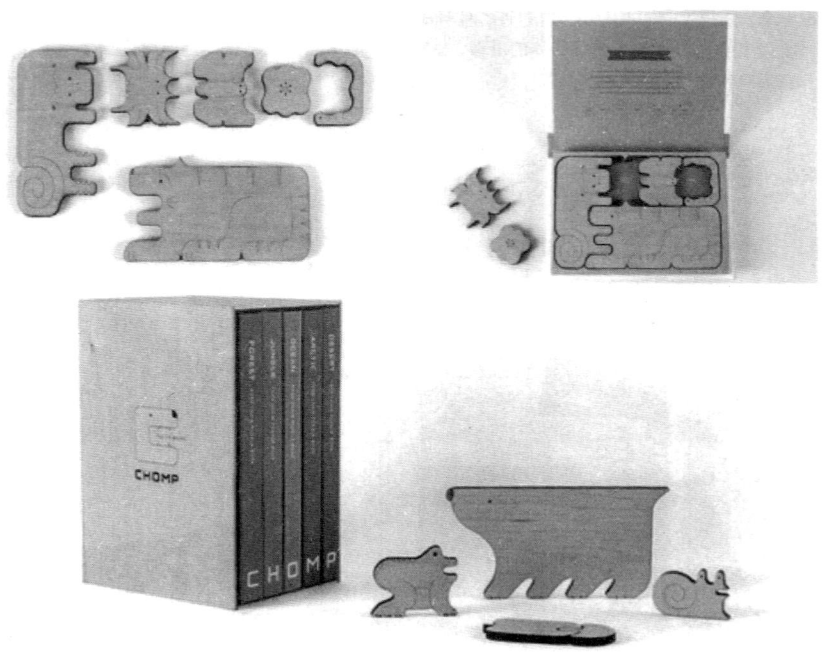

图 3-13 《大鱼吃小鱼》封面与内页

《大鱼吃小鱼》一书内置了一套动物拼图，既可以单独拆开进行摆放和装饰，又可以拼合在一起方便收纳。动物拼图与该书所讲的故事内容完美契合，读者在阅读的同时可以拿出角色拼图进行场景还原，这样的设计在具备功能性阅读的同时不失为一种带有收藏价值的艺术品。

艺术性是书籍装帧设计的灵魂。书籍装帧的艺术本质正是人类以“实践精神”掌握世界的方式，也是从“艺术生产”中所创造出的一种特殊形态。人的精神世界可以概括为智慧、意志、认识、情感等方面，艺术表达代表人类的情感，是人类情感对象化的显现形式。因此，书籍装帧艺术是以书籍为媒介，通过艺术形式表达设计师的情感，是酝酿书籍形态美的艺术。

书籍装帧的艺术性集中体现在书籍的形态美上。书籍是一种具有实在形体和内容的物质产品，是不同于其他纯艺术品的社会文化商品。书籍作为信息的载体，伴随着漫长的人类历史发展过程，在将知识传播给读者的同时，也带给他们美的享受。正因为人们读书、爱书、惜书、藏书，所以书籍的装帧设计会更有价值。读者从书中领悟作者深邃的思考、智慧的启示，感受生命的脉动，体验美好新奇的幻想，并且从书籍的装帧中体会情感的流露、视觉信息传达的规则以及图像文字的美感，从而享受到阅读的愉悦。

一部书的创造不仅属于作家，还包括编辑、艺术设计者、出版者、印刷装订者，甚至读者的共同参与，他们才是整体书籍形态的共同创造者。书籍艺术设计师要把握住书稿的内容，用以想象力为特征的创意表达来反映自己对书籍的理解，并把书稿内容以视觉形式表现出来，从而创造集实用与审美功能于一体的书籍。这也正是书籍装帧设计整体性原则的根本宗旨（图 3-14）。

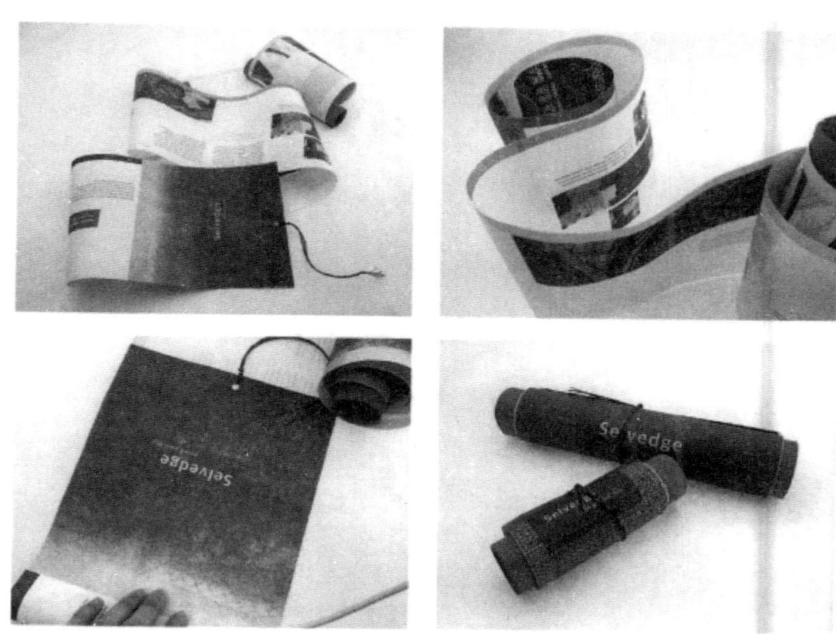

图 3-14　《Selvedge》封面与内页

设计师在进行书籍装帧设计时，不仅要考虑设计层面的功能性与艺术性，还要注重当书籍作为商品时它的商业性和实用性。而书籍的市场价值潜力是由两方面构成的：一方面，价值因素是该出版物本身所固有的，如内容、作者的市场影响力等；而另一方面，市场价值潜力是附加的，很重要的一个因素就是书籍的装帧设计。在一些商业发达的国家和地区，印刷出版业往往也很发达，行业竞争十分激烈，这时书籍装帧也显得尤为重要，因为书籍装帧的好坏在一定程度上决定着销售的成败。

当前，大量图书出版物不断面市，书籍该如何顺应图书市场的发展，以新颖独特而又受大众喜闻乐见的面貌出现呢？

书籍设计师在设计实践中应更多地考虑市场的因素，注意“自我”意识不要过强，不要忽视读者。在设计实践中应加入个性化、品牌化的理念来增加书籍的附加值，特别是小型出版社不要盲目“跟风”，要进行具有个性特点的设计思考（图 3-15）。

图 3-15 《设计新潮》杂志封面

如今，随着科学技术的飞速发展，计算机辅助设计为当代设计行业带来了空前的便捷。近几年，计算机的迅速普及与市场经济的影响为设计带来了新思路，但同时也出现了一些弊病。有些设计师急功近利、心态浮躁，其书籍设计缺乏艺术品位追求，表现手段贫乏，整体设计的商业化色彩过于浓重，使书籍丧失其特有的文化品位。掌握两三个设计软件就可以很快进行设计的情况比比皆是，一些只重视经济利益，不重视艺术感染力，面目雷同、拼接生硬的设计，误导了人们的审美。虽然书籍的商业生命是短暂的，但文化与艺术的生命却是永恒的。书籍装帧设计是艺术与技术的合作，一个优秀的装帧设计就应该注重文化性和艺术性，只有文化艺术与技术统一才能产生好的设计作品（图 3-16）。

图 3-16　《西域考古图记》封面

吕敬人设计的《西域考古图记》的封面用残缺的文物图像磨切嵌贴，并压烫斯坦因探险西域的地形线路图；函套上加附敦煌曼陀罗阳刻木雕板；木匣本则用西方文具柜卷帘形式，门帘雕曼陀罗图像。整个形态富有浓厚的艺术情趣，有力地激起人们对两域文明的向往。由于设计师有着较好的艺术修养和绘画基础，所以能自如地表现其设计的趣味性，作品更能吸引读者，引起阅读欲望。

第四章 书籍装帧的设计元素

一个优秀的书籍装帧设计作品是通过书籍的文字、插图、色彩等要素来赋予书籍新的定义，从而更好地突出书的主题，概括书的精神，感染并吸引读者，帮助读者理解书籍的内容，增强读者的阅读兴趣并使其从中获得美的享受，让书籍装帧设计实现艺术性与实用性的统一（图 4-1）。

图 4-1 书籍作品

第一节 书籍构成要素

从书籍装帧设计的内容上看，书籍装帧设计是指书籍的开本、装帧形式、封面、腰封、字体、版面、色彩、插图以及纸张材料、印刷、装订及工艺等各个环节的艺术设计。书籍由众多的要素组合而成，包括封面、书脊、勒口、订口与切口、环衬页、扉页、版权页、目录页、正文、参考文献以及其他相关内容等。

一、封面

封面，是指书刊外面的一层，是对订联成册后的书芯在其外面包粘的外衣的称呼，也称书封、封皮、外封等。封面可称为书籍的外貌，有时特指印有书名、著者或编者、出版者名称等的第一面。狭义的封面定义指书籍的首页正面，广义的封面定义指书籍外面的整个书皮，即前封、后封、书脊等（图 4–2、图 4–3）。

图 4–2　前封

图 4–3　后封

封面有平装和精装之分。平装书的封面除了具有保护书籍的功能外，更重要的是传递信息和促销功能。而精装书又有是否套以护封之分。套以护封的精装书，其封面的主要功能是保护书籍，而把传递信息和促销的任务交给护封来完成。没有套以护封的精装书，封面的功能和平装书基本相同（图 4-4、图 4-5）。

图 4-4　平装书封面

图 4-5　精装书封面

二、书脊

书脊是指书刊封面、封底连接的部分，相当于整本书的书芯厚度。书脊常常展示在书店、图书馆、自家的书架上。书脊常常在印刷后加工，为了制成书刊的内芯，按正确的顺序配页、折页，组成书帖后形成书脊边。

（一）护封

护封是精装书书壳的外皮，除具有保护书壳的功能之外，更重要的是传递书的信息，也起到装饰和宣传作用。护封包括前封、后封、书脊、勒口四大部分。护封的前、后勒口要分别沿前、后内封的外口折转进去，所以护封封面上的满版插图或色块要向勒口方向多留出去一些，把书壳的厚度也计算进去。

（二）书前封（封面）

前封指书脊的首页正面。大多数平装书的前封上印有书名、著作者名和出版机构名称。也有少数书籍前封上无著作者名，或无出版机构名。书名大多位于前封的主要位置，且较醒目，而著作者名和出版机构名一般都位于从属位置，且字号较小。

（三）书后封（封底）

后封上通常放置出版者的标志、系列丛书书名、价格、条形码及有关插图等。一般来说，后封应尽可能设计得简单一些，但要和前封及书脊的色彩、字体编排方式统一。

通常书脊上部放置书名，字号较大，下部放置出版社名，字号较小。如果是丛书，还要印上丛书名，多卷成套的要印上卷次。设计时还要注意书脊上、下部分的字与上下切口的距离，制作时要准确计算书脊的厚度，这样才能确定书脊上的字体大小，从而设计出合适的书脊。平装书刊的书脊是平齐的，书芯表面与书背垂直。精装书刊的书脊则高出书芯表面（图 4-6、图 4-7）。

图 4-6　平装书书脊

图 4-7　精装书书脊

三、勒口

勒口又称为飘口、折口，是指书籍封皮的延长内折部分。勒口用于编排作者或译者简介，同类书目或与本书有关的图片以及封面说明文字，也有空白勒口。

部分平装书一般会在前封和后封的外切口处，留有一定尺寸的封面纸向里转折，前封翻口处称为前勒口（图 4-8），后封翻口处称为后勒口（图 4-9）。勒口的宽度视书籍内容需要和纸张规格条件而定。

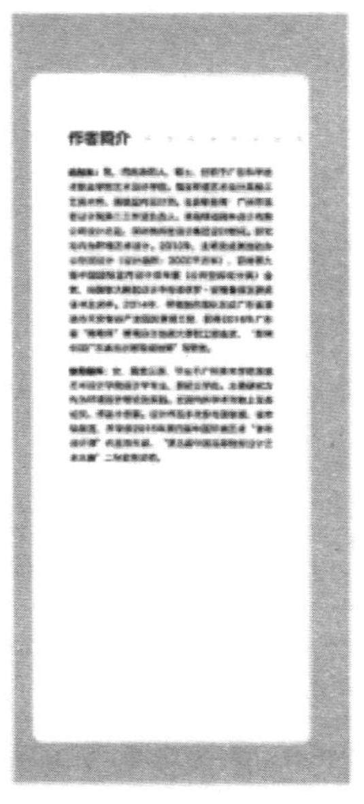

图 4-8　前勒口

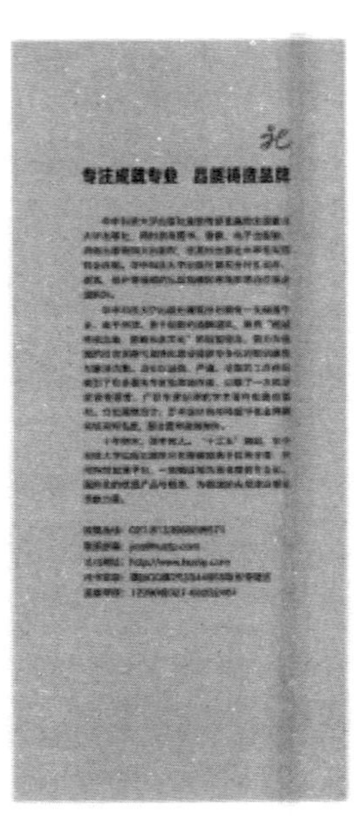

图 4-9　后勒口

精装书的内页一般是采用锁线工艺，再粘上胶。封面一般将印刷精美的薄纸糊在硬纸板上，再将内页粘在书壳上。

勒口上通常可放置作者简介、内容提要等文字内容和相关图片。勒口以封面封底宽度的 1/3~1/2 为宜，如果封面的封底有底图，需要勒口的图文和封面封底图文连在一起，这样在装订时，如出现尺寸变数（书脊大小等），勒口也可随之而变。

四、订口与切口

书籍被装订的一边称订口，另外三边称切口（图 4-10、图 4-11）。不带勒口的封面要注意三边切口应备留出 3mm 的出血边以供印刷装订后裁切光边用。现代书籍设计越来越重视订口、切口的设计，订口和切口看似狭小的空间，通过出现图像、色彩或裁切等方式，往往能达到意想不到的效果。

图 4-10　订口

图 4-11　切口

五、环衬页

环衬页是在封面与书芯之间的对折双连页纸，一面与书芯的订口贴牢，一面与封面的背后贴牢，这张纸称为环衬页，也叫作蝴蝶页。书芯前的环衬页叫前环衬，书芯后的环衬页叫后环衬（图 4-12）。环衬页把书芯和封面连接起来，增强书籍的牢固性，具有保护书籍的功能。

图 4-12 环衬

一般书籍的环衬页选用白色或者淡雅的彩色纸，在书芯与封面之间起到过渡作用，这也是书籍装帧设计的一部分内容。精装书的环衬页设计十分讲究，可采用抽象的肌理效果、插图、图案也有用照片表现，其风格内容与书籍整体保持一致，在视觉上产生由封面到内芯的过渡。设计时要注意环衬的色彩明暗和强弱，构图的繁复和简单，应与护封、封面、扉页、正文等的设计取得一致，并要求有节奏感。

六、扉页

扉页是翻开书的第一页，在封面、环衬的后面一页，正文的前一页，是书籍内部设计的入口，也是对封面内容的补充（图 4-13）。扉页印有书名、副标题、出版者名、作者名等名称，有些书刊将衬纸和扉页装订在一起，即筒子页，亦称为扉衬页。扉页在设计时应与书籍封面风格一致，在细节上又要有所不同，保留自身的特色，形式上不宜过于复杂，避免与封面产生重叠的感觉。

图 4-13　扉页

扉页是“书的前奏和序曲”，翻过环衬和空白页，文字信息映入眼帘，因此扉页被称为书籍的第二道门。它除了向读者介绍书名、作者和出版社外，还是书籍封面向书芯的过渡，因而是书籍内部设计的一张“脸”。扉页的设计要考虑封面与书芯的前后关系，且要考虑书籍装帧设计的整体与和谐感，可根据书籍内容中相关的绘画、摄影作品或文字来设计。

扉页是现代书籍装帧设计不断发展的需要。一本内容很好的书如果缺少扉页，就犹如白玉之瑕，减弱了其收藏价值。爱书之人，对一本好书将会十分珍惜，往往喜欢在扉页上写些感受或者箴言之类的警句。同时，扉页也起装饰作用，增加书籍的美观。

七、版权页

版权页是出版物的版权标志，也是版本的记录页，一般位于扉页的背面或书末最后一页（图 4-14）。在版权页中，主要内容一般包括书名、编者、著者、译者、出版者、印刷者、版次、印次、开本、出版时间、印张、印数、字数、国际标准书号、版权期、书号、定价、图书在版编目（ CIP）数据等有关说明事项。版权页供读者了解图书的出版情况，也是文献著录的重要信息源之一。它是国家出版主管部门检查出版计划情况的统计资料，具有版权法律意义。版权页的版式没有固定的设计模式，大多数图书版权页的字号小于正文字号，版面设计简洁。

图 4-14 版权页

八、内容提要

内容提要（图 4-15）是编者介绍所编写书的主要内容与本书特点，为读者在购买时作一定的参考作用，帮助读者对本书有一定的了解。内容提要不是目录的翻版，不是序和前言的摘要，也不是书评，更不是广告。

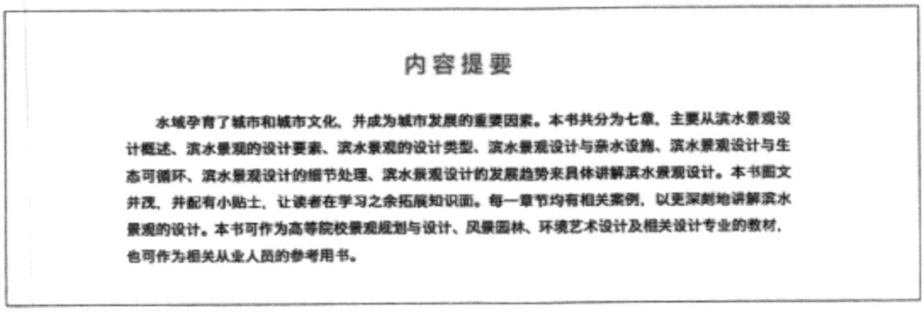

内容提要

水域孕育了城市和城市文化，并成为城市发展的重要因素。本书共分为七章，主要从滨水景观设计概述、滨水景观的设计要素、滨水景观的设计类型、滨水景观设计与亲水设施、滨水景观设计与生态可循环、滨水景观设计的细节处理、滨水景观设计的发展趋势来具体讲解滨水景观设计。本书图文并茂，并配有小贴士，让读者在学习之余拓展知识面。每一章节均有相关案例，以更深刻地讲解滨水景观的设计。本书可作为高等院校景观规划与设计、风景园林、环境艺术设计及相关设计专业的教材，也可作为相关从业人员的参考用书。

图 4-15 内容提要

九、前言

前言主要用来说明作者在编写该书时的意图、意义、主要内容、全书重点及特点、读者对象、有关编写过程及情况、编排及体例、适用范围、对读者阅读的建议、再版书的修订情况说明、介绍协助编写的人员及致谢等情况，一般附在正文之前的短文页（图 4-16），也有附在书尾的后面称为后语页或后记、跋、编后语等。文章中的前言多用以说明文章主旨或撰文目的，也可以理解成所写内容的精华版。

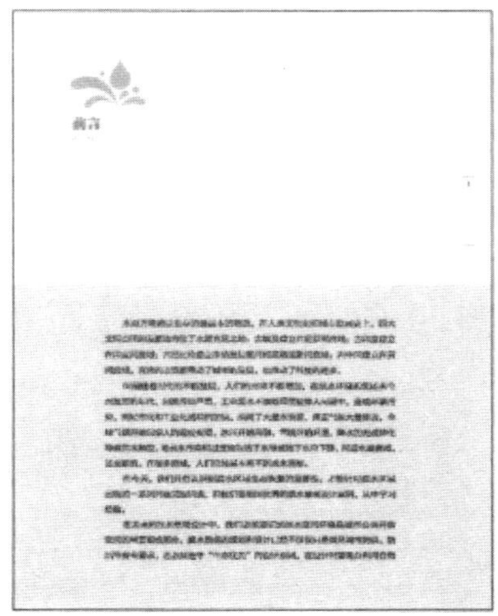

图 4-16　前言

十、目录页

目录（图 4-17），是指对书籍正文所记载的目次，所以目录又叫目次。目录页通常放在正文的前一页，是全书主要内容的纲领。目录摘录全书各章节标题，表示全书结构层次，以方便读者检索。

图 4-17　目录

（一）字体

目录中标题层次较多时，可用不同字体、字号、色彩及逐级缩格的方法来加以区别，设计要条理分明。

（二）三级目录与正文层次

三级目录与正文层次如图 4-18 所示。

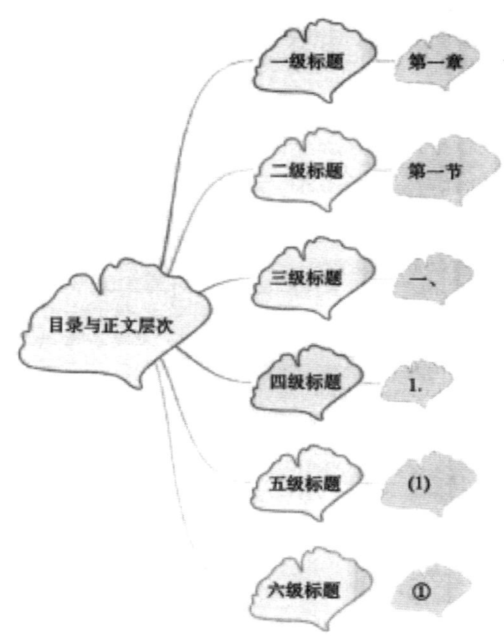

图 4-18　目录与正文关系图

十一、参考文献页

参考文献是在学术研究过程中，对某一著作或论文的整体参考或借鉴（图 4-19）。参考文献页是标出与正文有关的文章、书目、文件并加以注明的专页，通常放在正文之后，其字号比正文文字小。

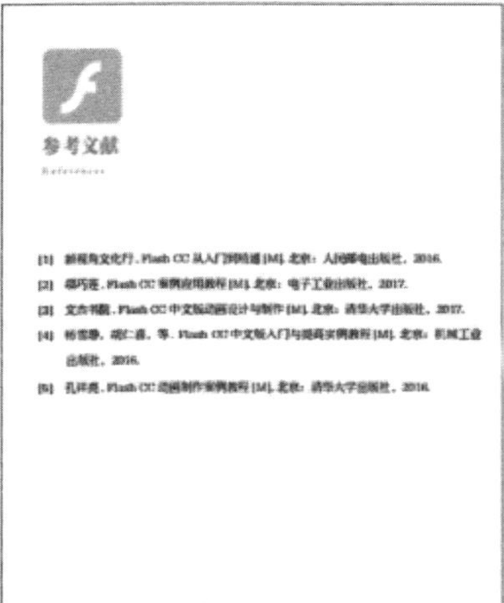
参考文献

References

[1] 新视角文化行. Flash CC 从入门到精通 [M]. 北京：人民邮电出版社，2016.
[2] [illegible]. Flash CC 案例应用教程 [M]. 北京：电子工业出版社，2017.
[3] 文杰书院. Flash CC 中文版动画设计与制作 [M]. 北京：清华大学出版社，2017.
[4] 杨雪静，胡仁喜，等. Flash CC 中文版入门与提高实例教程 [M]. 北京：机械工业出版社，2016.
[5] [illegible]. Flash CC 动画制作案例教程 [M]. 北京：清华大学出版社，2016.

图 4-19　参考文献

十二、其他

（一）环套

环套也称为腰封，包绕在护封的下部，高约 5cm，主要是将补充内容介绍给读者，还有装饰和促销功能（图 4-20）。

图 4-20　环套

（二）书盒

书盒用来放置比较精致的书籍，目前大多数用于丛书或多卷集书。它的主要功能是保护书籍，便于携带、馈赠和收藏（图 4-21）。现代精装书的书盒有两种形式：一种是开口书匣，用纸板五面订合，一面开口，当书籍装入时正好露出书脊，有的在开口处挖出半圆形缺口，以便于手指伸入取书，这种形式也称为函套。还有一种书盒，即在开口处加上盒盖，盒盖的一边可以与盒底相连。书盒通常用普通板纸制作，用其他材料作裱糊装饰。也有用木板做书盒，在上面雕刻文字和图形。

图 4-21　书盒

第二节　书籍装帧设计原则

书籍装帧设计原则主要包括整体性、独特性、趣味性和艺术性。

一、整体性

装帧设计的整体性原则，包含了美学趣味的统一、形式与书籍内容的统一、艺术与技术的统一（图 4-22）。从广义上来说，书籍的装帧应从书籍的性质、内容出发，将书籍的内容与形式作为一个整体来进行设计。

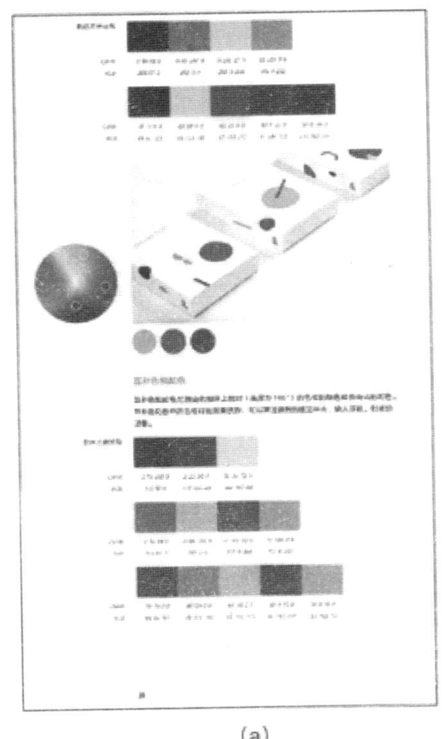

(a)

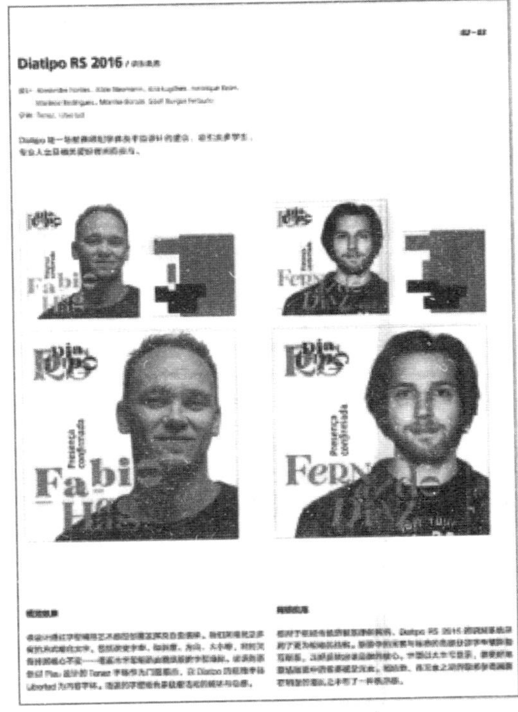

(b)

图 4-22　整体性设计原则

从狭义上来说，书籍装帧的各环节应成为一个整体，从整体上去考虑、处理每一个环节的设计，即使是一个装饰性符号、一个页码或图序号也不能例外。这样，各要素在整体结构中凸显出比单体符号更大的表现力，并以此构成视觉形态的连续性，诱导读者以连续流畅的视觉流动性进入阅读状态。

二、独特性

每本书在内容编写与设计形式上都有所不同，这也决定了每一本书都有自己的个性（图 4-23），这种个性也与装帧设计存在一定的关联。独特性原则要求在书籍装帧设计中突出书籍自身的优势，又要与时代背景相结合，将新的设计思想与社会观念融入设计中，使得书籍作品具有独一无二的风格。

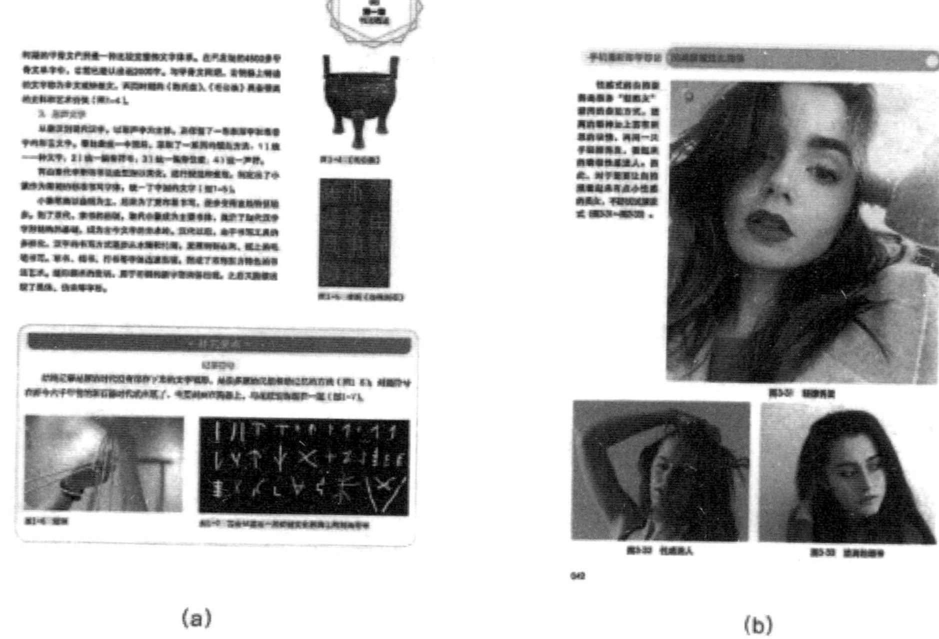

(a)

(b)

图 4-23 独特性设计原则

三、趣味性

趣味性指的是在书籍形态整体结构和秩序之美中表现出来的艺术气质和品格。具有趣味性的作品更能吸引读者，它常常以轻松、幽默的手法引起读者阅读兴趣（图 4-24）。

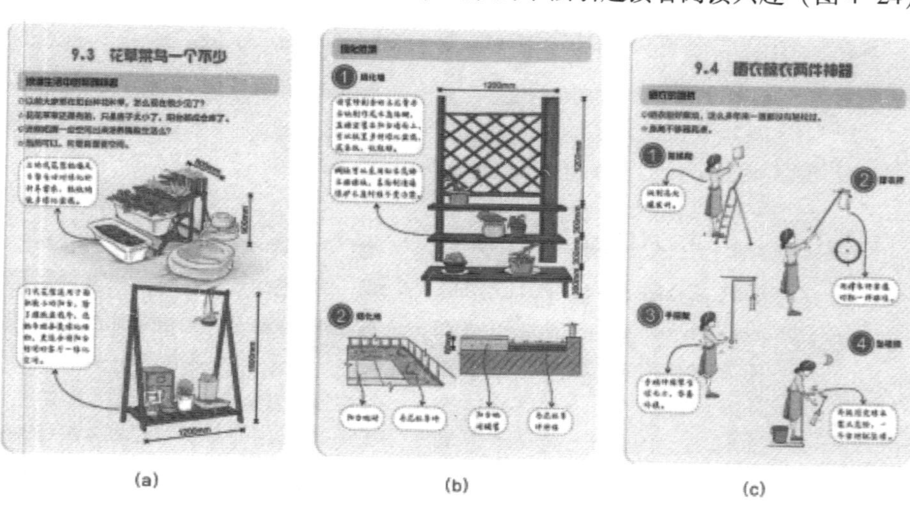

(a) (b) (c)

图 4-24 趣味性

四、艺术性

书籍装帧设计是绘画、摄影、书法、篆刻等艺术的综合产物，它通过文字、图形、色彩来体现书籍设计的本体美，使读者获得知识，同时也得到美的享受（图 4-25）。要在书籍形态的设计中，使文字、图形等元素在和谐共生中产生超越知识信息的美感，产生秩序之美，设计师必须通过视觉创意来表现对书稿的理解，以巧妙的构思体现书稿的精神内涵，用设计的魅力为书籍增光添彩，显示出设计的艺术性和文化性，使书的设计艺术达到新的境界。

(a) 绘画　(b) 摄影　(c) 书法

图 4-25　艺术性设计原则

第三节　书籍封面设计

封面设计在一本书的整体设计中具有举足轻重的地位。封面是一本书的脸面，是不说话的推销员。封面设计的优劣对书籍的社会形象有着非常重大的意义。一本书的内容再好，但是如果没有一个能吸引人的封面，它也会被埋没在书架上。所以说，封面设计立该具有视觉冲击力，能在第一时间抓住读者的视线。对于色彩类书籍封面设计，要在封面上体现出本书与色彩之间的联系。用最感人、最形象、最易被视觉接受的设计方式，在有限的画面中诱发读者丰富的联想，满足读者的审美需要。

ELLE 杂志的封面设计是行业内有目共睹的优秀作品，无论是在色彩搭配、版面形式还是吸引力方面都非常引人注目（图 4-26）。

(a)

(b)

(c)

图 4-26　封面设计

封面设计既要符合书籍的内容、气质、特色，有其从属性，又作为一种艺术创作，有其相对的独立性。特别是立意新颖、内涵丰富、绘制讲究、材质精良的优秀封面，本身就是值得鉴赏的美术作品。

黑格尔说："想象是一种杰出的本领。在生活中，绵长的横线使人想到开阔，挺拔的直线使人想到崇高，粗犷的线使人感到倔强，柔细的线使人感到纤弱……"设计者要在强烈感受、深刻理解书稿的内涵、风格、体裁的前提下，做到构思新颖、切题，有感染力，在封面上采用比拟、象征、暗示、讽喻等手法表现主题。

一、字体设计

字体是封面的重要内容，封面上的文字是读者了解一本书内容的开始。往往读者第一眼看到的并不是文字，而是封面的版面形式或者精美的图片，但是封面上的书名、署名、出版社名都是重要的文字信息，而书名的造型设计更是书籍装帧设计的重要内容。

在封面设计中，有的是纯文字设计而没有图形，它需要考虑的是文字之间的配合、文字的合理编排、字体字号的正确选择。可根据构成的需要和书的风格把充满活力的封面字体视为点、线、面来排列组合（图 4-27、图 4-28）。

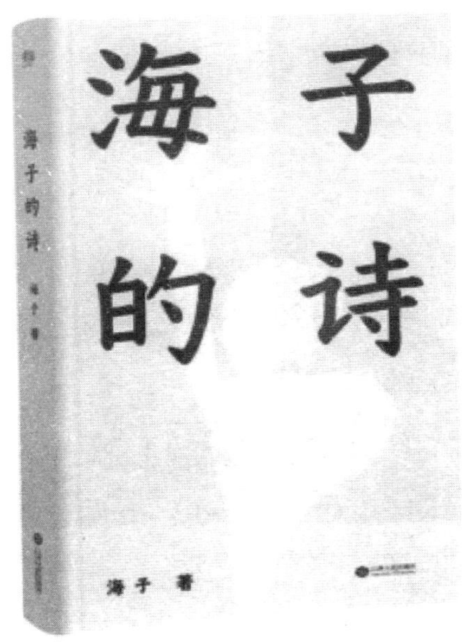

图 4-27　纯文字设计

图 4-28　图文结合设计

字体的设计在封面构图中也很重要，有时甚至是主要对象。美术字、铅字的各种字体，毛笔字的各种字体及书写，都对封面构图的整个艺术效果起着渲染书稿特性、增加形式的作用，不可任意为之。

封面文字中除书名外，均选用印刷字体。书名常用的字体分为书法体、美术体、印刷体三大类。

（一）书法体

书法体笔画间追求无穷的变化，具有强烈的艺术感染力和鲜明的民族特色以及独到的个性，且字迹多出自社会名流之手，具有名人效应，受到广泛的欢迎（图 4-29）。

图 4-29　书法体

（二）美术体

美术体又可分为规则美术体和不规则美术体两种（图 4-30）。规则作为美术体的主流，强调外形的规整，点划变化统一，具有便于阅读、便于设计的特点，但较呆板。不规则美术体则在这方面有所不同。它强调自由变形，无论从点线处理或字体外形均追求不规则的变化，具有变化丰富、个性突出、设计空间充分、适应性强、富有装饰性的特点。不规则美术体与规则美术体及书法体比较，既具有个性，又具有适应性。

图 4-30　美术体

（三）印刷体

印刷体沿用了规则美术体的特点，早期的印刷体较呆板、僵硬，现在的印刷体在这方面有所突破，吸纳了不规则美术体的变化规则，大大丰富了印刷体的表现力，而且借助计算机的印刷体处理方法既便捷又丰富，弥补了其个性上的不足（图 4-31）。

图 4-31　印刷体

二、色彩设计

能否恰当运用色彩是封面设计成败的关键。因为色先于形，尤其是在远距离识别上，要注意色彩面积、色相、纯度及明度等要素的处理。设计中既要把握主色调，运用不同的色调来处理不同的画面，也要将各种因素有机结合，运用色彩对比、调和关系，充分体现书籍的内容和风格（图 4-32）。

(a)

(b)

(c)

图 4-32 封面色彩设计

每个人对色彩的感知度不同，对色彩的认知也有所不同。康定斯基说过："色彩对人这样的有机体能产生巨大的作用，并且直接影响着精神"，这是不容置疑的事实。心理实验表明，不同的色彩有不同的情绪反应，并使人产生联想。正是色彩具有影响人的心理并能调动和激发人的情绪，引起精神上的共鸣，才使其在书籍封面艺术设计中具有强烈、迷人的魅力（图 4-33）。

(a)

(b)

图 4-33 色彩情绪设计

在书籍封面设计中，特别是在色彩的设计上，色彩的组合设计能达到意想不到的效果。如对比色、互补色、间色、复色等，当多种色彩在画面上达到和谐统一后，整个画面具有美感（图 4-34 至图 4-37）。读者能从画面中感受到封面色彩设计所传递的信息。不同的色彩组合形式，能够使封面给人带来不同的视觉感受。

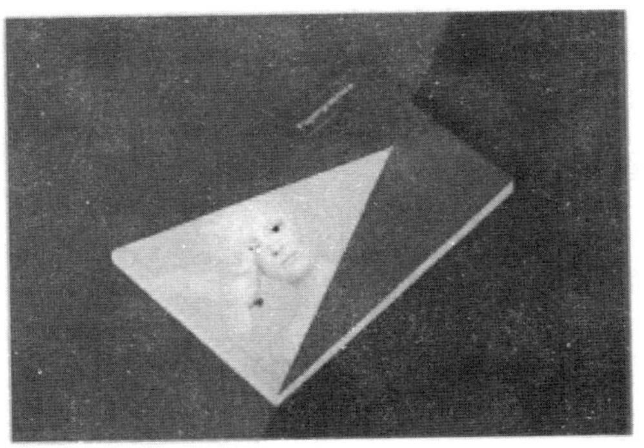

图 4-34　对比色

图 4-35　互补色

图 4-36　间色

图 4-37 复色

三、图形设计

封面上一切具有形象的都可称之为图形，包括摄影、绘画、图案等，分写实、抽象、写意、装饰等。

书籍封面的图形可以是具象的，也可以是抽象的、装饰性的，或是采用漫画的形式，设计师要根据书籍的内容和主题来选择适当的图形表现（图 4-38）。现代封面设计因为运用了计算机、摄影技术，图形经过计算机图像软件综合处理，出现了许多新的表现语言，画面变得更加细腻、丰富，层次感更强。

(a)

(b)

(c)

图 4-38 封面图形设计

封面的图片以其直观、明确、视觉冲击力强、易与读者产生共鸣的特点，成为设计要素中的重要部分。图片的内容丰富多彩，最常见的是人物、动物、植物等，以及一切人类活动的产物（图 4-39 至图 4-41）。

图 4-39　人物封面设计

图 4-40　动物封面设计

图 4-41　植物封面设计

图片是书籍封面设计的重要环节，它往往在画面中占很大面积，成为视觉中心，所以图片设计尤为重要。一般青年杂志、女性杂志均为休闲类书刊，它的标准是大众审美，通常选择当红影视歌星、模特的图片作为封面（图 4-42）。

(a)

(b)

图 4-42 休闲类书刊

科普刊物选图的标准是知识性，常选用与大自然有关的、先进科技成果的图片（图 4-43）。而体育杂志则选择体坛名将及竞技场面图片（图 4-44）。

图 4-43 科普刊物封面

图 4-44　体育杂志封面

新闻杂志选择新闻人物和有关场面，它的标准既不是年轻貌美的人物，也不是科学知识，而是有新闻价值的场景（图 4-45）。摄影、美术刊物的封面选择优秀摄影和艺术作品，它的标准是具有艺术价值（图 4-46）。

图 4-45　新闻杂志封面

图 4-46 摄影刊物封面

四、封面设计基本流程

（一）构思

书籍装帧设计的重要部分就是封面设计。封面设计是视觉艺术，它的立意应该通过有特点、有启示、有寓意、有联想的图形或文字编排来体现，切忌简单图解。封面设计要在视觉上和心理上用引起读者美感的艺术语言来传递全书的内涵。

构思是封面设计的第一步，也是书籍装帧设计中最重要的环节。中国画主张“意在笔先”。所谓“意”就是构思，构思是创作造型的灵魂。因为每本书籍的装帧设计有它的自身的寓意，设计师必须根据其寓意内容进行构思、创作，也就是要求设计者创造出独特的艺术意境。

书籍装帧设计的第一步就是设计者必须熟悉书的内容。优秀的书籍设计，在于把握内容精神的准确传达。如果是文学书籍，封面设计师还要了解作者的意图，体味文字所带来的感受，从而提炼出整本书的风格特点。对同一作者的系列丛书或同一时期不同作者的系列书籍，不仅要把握作者的意图，还要了解作者的时代背景，也可以借助其他学术评论加深了解。总之，书籍设计与绘画作品不同，它是从属于书籍的，必须反映书的内容、性质和精神，否则就谈不上书籍设计。

如，《青年文摘》是一本面向全国，以青少年为核心读者群的文摘类综合刊物。书中主要内容来自报纸、期刊、图书等大众媒体的名篇佳作，重在为青少年打造一个丰富生动、健康向上的精神空间。在封面设计上大多以风景，抽象人物为设计主体（图 4-47）。其人物形象多以青年男女、儿童为原型，与书籍的主旨相符合。

图 4-47 《青年文摘》封面设计

（二）构图

构图是把构思中形成的形象在画面上组织起来进行编排，即在一定的格式内进行文字、图形的布局。常见的构图形式可分为垂直式、水平式、双竖式、交叉式、向心式、回字式、“T” 式、“L” 式、“Z” 式、放射式十大类。设计师可在这个基础上再进行组合设计，使书籍封面的形式感更加丰富多彩。但是，在构图中不能喧宾夺主，构图是为了突出设计主题，而不是绘画设计（图 4-48）。

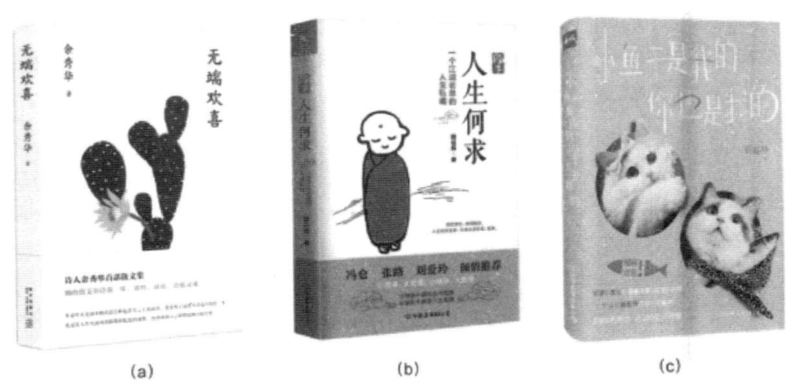

图 4-48 主题封面设计

第五章　书籍封面、护封的构思与创意表现

第一节　书籍封面、护封的任务使命

在书籍设计艺术中，封面、护封设计是最先呈现在读者面前的设计元素。书籍封面就如绘画一样，画面美不美，首先看整体的第一印象，其次看画面所传达出来内容。当我们拿到一本书籍时，首先看到的就是书籍的封面，所以一般对于书籍第一印象的好坏往往也是由封面决定的。正因为封面和护封在书籍设计中有举足轻重的地位，所以封面和护封被赋予了重要的使命。

一、封面、护封是书籍内容内涵的传递窗口

书籍的核心要素就是书籍的内容，当读者第一次拿到书籍并对书籍进行初步衡量的时候，或许他已基本了解书籍的内容，或许他对书籍内容一知半解，或许他对书籍内容完全陌生，这就是读者一个感性的判断过程。这时就需要书籍封面或护封作为指导，要求书籍封面传递出书籍的内容内涵，为书籍内容内涵服务。书籍封面或护封的设计者应对书籍的内容、主题、性质、特征等进行深入的研究，对书籍内容形成深刻的理解，结合多方面的生活感受，提炼出书籍的主题思想和具体的艺术表现方式。

书籍内容是书籍封面、护封立意的决定性因素，也是决定书籍封面、护封设计成败最重要的一个因素。例如书籍设计师黄龙祥所设计的《中国针灸史图鉴》（图5-1），这本书是中国针灸的解析大全，包含着与针灸相关的中国传统文化和中国针灸的历史。在对这本书进行封面设计时，设计者提取了八卦、易经、阴阳学说等中国元素以及人物全身脉络图，把这些元素重新编排组合汇集叠加在封面之中，更深层次地体现出中国传统思想指导下的针灸文化，使读者更为直观地感受到了书籍的内容内涵。由任步武编著的《绘图金莲

传》（图 5–2）亦是如此，《绘图金莲传》是著名作家冯骥才《三寸金莲》的小楷书法本。《三寸金莲》讲述了在明末清初时，家境贫寒的女子因三寸金莲嫁入豪门，又在两次“赛脚”中先失宠后得宠，最终成为缠足习俗拥护者的故事，故事内容极其深刻地揭示出了中国传统文化的魅力与糟粕，中国“缠与放”的过程以及当时中国妇女生活的民风民俗。由吕敬人所设计的《绘图金莲传》书籍封面把握住了其时代特征，运用代表女性三寸金莲的诸多元素，如弓鞋、裹脚布、女性传统服饰纹样、罗裙、绑带等进行设计，构成了可开合的书籍封面，使读者在打开封面的同时感受到书籍的内容及其传达出的历史的沉重感。

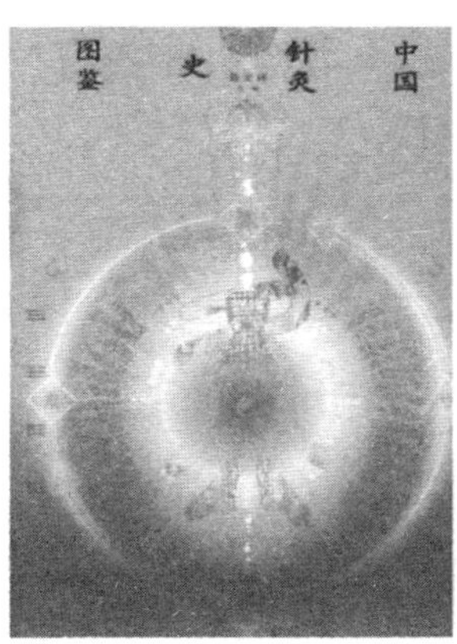

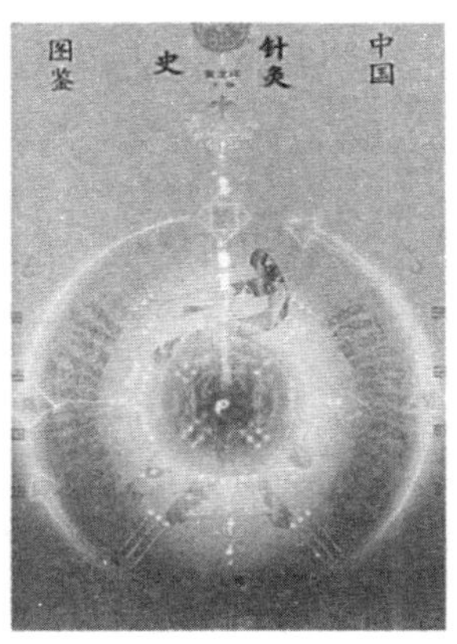

图 5–1　《中国针灸史图鉴》封面设计

图 5–2　《绘图金莲传》封面设计

二、封面、护封具有保护书籍的功能

书籍封面、护封的设计最初是源于保护书籍的功能性考量，其次才是美学层面的延伸。但无论如何延伸和拓展，排在第一位的仍旧是书籍封面的功能性。不同的使用方式会带来许多破坏的可能性，所以好的书籍封面或护封设计要规避书籍在使用中的破坏，充分利用书籍封面或护封设计中纸张、纹理、形态等元素保护书籍，书籍封面或护封在书籍流通和保存方面起着至关重要的作用（图 5-3）。

图 5-3　《源氏风物集》书籍封面设计

三、封面、护封是书籍整体形态的一部分

书籍封面、护封设计属于书籍设计的一部分，它们应与书籍设计中其余的部分相辅相成构成一个设计整体。这个设计整体应该是统一的、和谐的、完善的，提高着书籍整体的质量水平。在设计书籍封面、护封时要时常考虑到书籍的整体形态，例如要统一封面、封底、环衬、扉页和版式的风格，熟悉书籍制作的流程工序和印刷工艺，把书籍封面设计中的印刷工艺与装帧材料进行有机的结合等。

《怀珠雅集》（图 5-4）是创作藏书票的一本画集，这本书籍在进行封面设计时充分考虑到了书籍的整体形态。书籍整体的设计构思是传达出中国文化的特质和书卷气息。在封面设计上设计者采用了中国古籍的视觉元素以及手工宣纸和麻绳系扎等制作方式。内文做成筒子页，左开合，使用了既传统又创新的线缀装订方式，在内文版式中强调了文字和视觉符号的循环，与封面视觉符号相辅相成，既整体又统一。

图 5-4　《怀珠雅集》封面设计

四、封面、护封具有宣传书籍、促进销售的功能

一个优秀的封面、护封设计不仅只考虑到版式的排列，还会考虑到整体的颜色搭配、字体摆放以及构图等。想要形成很好的封面效果就需要将这些元素很好地融合在一起（图 5-5、图 5-6）。

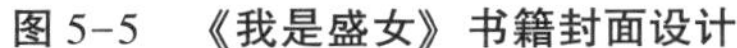

图 5-5　《我是盛女》书籍封面设计

图 5-6　《白鹿原》小说封面设计

封面和护封是书籍的精美外表和标志性面孔，具有保护书籍内部页面（书芯）和展现书籍内容的外在作用。封面设计应在符合内容的前提下，具有强烈的视觉冲击力，能够在第一时间吸引读者的视线，否则一本书不论内容有多么精彩，如果不能吸引人们的视线，很好地表达书籍的精髓，也会被淹没在书籍的海洋中。

第二节　书籍封面、护封的创意构思

随着人们生活节奏越来越快，获取信息的途径越来越多，如何使读者在快速预览书籍中被吸引并留下深刻印象成为书籍封面、护封设计的重要关注点。书籍封面综合了文字的排列、图片的分布、色彩的搭配以及材质的选取等，直观地将版面的编排呈现给读者。在这个呈现过程中书籍的封面创意构思就显得尤为重要。书籍封面、护封的创意构思可以从以下几个因素去考虑：

一、读者的年龄层次及文化水平

充分考虑到读者的年龄层次，书籍可划分为少儿读物、青年读物和中老年读物等。在构思少儿读物的封面时，可相应关照儿童感兴趣的方面和理解能力尚浅的特点，多增加书籍的趣味性、知识性和体验性，突破传统书籍封面设计的局限性，使画面单纯直接、生动活泼、色彩绚丽地呈现出来。如采用镂空或立体的制作方式搭配鲜亮的色彩，吸引孩子们

的注意力，从而提升少儿读者的阅读兴趣（图 5-7、图 5-8）。

图 5-7 Xstrat 书籍设计

图 5-8 Irina Vinnik 精美的童话书籍设计

在设计青年读物和老年读物的时候，可以针对此人群文化水平较高的特点，运用抽象性、象征性的方法进行封面设计，构图也可以相对严肃庄重（图 5-9、图 5-10）。

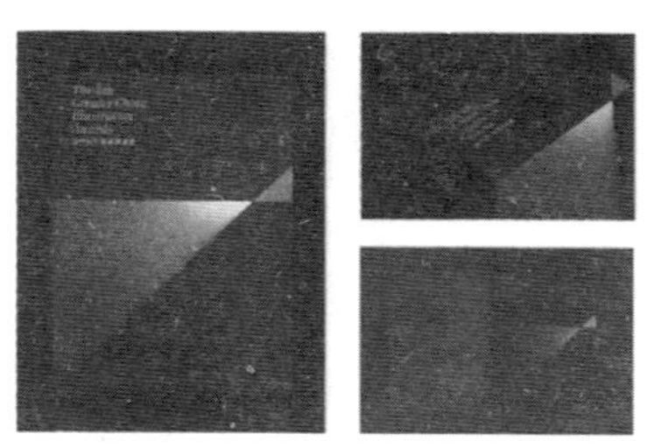

图 5-9 第四届中华区插画奖书籍封面设计

图 5-10 《鸣远堂》书画珍藏书籍封面设计

二、学科、功能分类

如按学科对书籍分类，可以分为：人文类书籍和自然类书籍两大类。

人文类书籍包括哲学类、小说、艺术类、政治类、经济类等。自然类书籍包括科技类、地理类、物理类、数学类等。不同的学科根据不同功能，可分为教科书、工具书等。

不同学科、不同的功能在书籍封面设计上也应有所区分，例如科技类的书籍封面可以采用抽象前卫的视觉元素，用“纯形式”的设计方法来表达设计者对书籍内容的理解，“纯形式”是一种无“具象”的形式美，代表着思维的深邃与空灵，以简单的图形组合为设计元素把“纯形式”转化为“形象内容”，很好地表达了设计者对书籍内容的把控能力（图 5-11）。

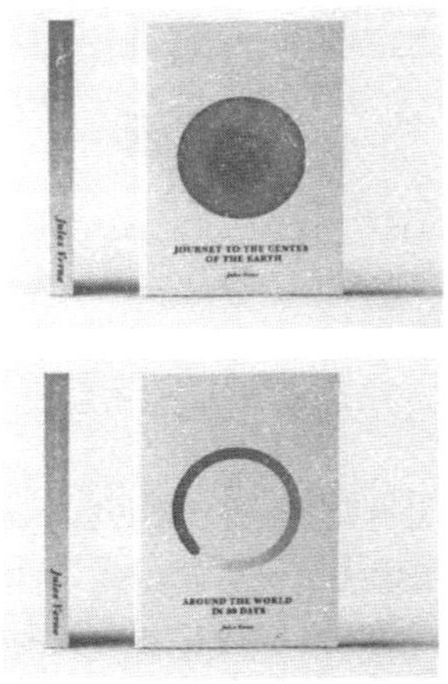

图 5-11　Janet Wright 科学探险系列书籍封面设计

文学类的书籍相对深沉感性，严肃高雅。在书籍封面的表现手法上可以采用具象的表现手法。直接把书籍中的人物、风景、器物等具象的视觉元素放置在封面中，与书名形成一个视觉整体。这种具象的表现方式在西方十分常见，但在中国人的审美传统里更喜欢寓意的方式，结合中式的设计方法可以用间接式的象征方式来避免过于直白的弊端，给读者以想象的空间，构成中国书籍设计的独特韵味。例如丁聪先生设计的《四世同堂》（图 5-12）的封面，用一个图案化的北京的门楼点出了书籍主题。以北京的门楼淳朴的美，表达着人民对祖国家园的爱，设计者利用这种相近事物的联想关系，使封面设计的视觉内容充满诗意。吕敬人先生设计的《家》一书，封面也运用了具象的表现手法，设计强调小说主题表述的气氛，象征着封建家族势力的门前伫立着两个主人公长长的背影，都似在对“家”叙述着哀怨心声（图 5-13）。

图 5-12 丁聪《四世同堂》封面设计

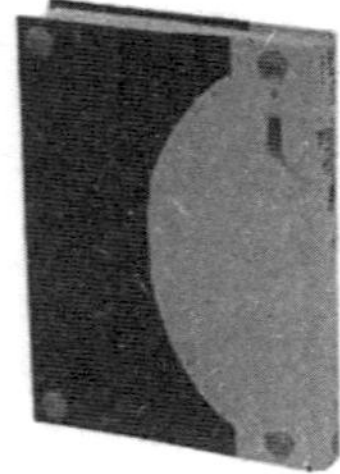

图 5-13 吕敬人《家》封面设计

三、书籍的商品属性

书籍不仅仅是精神的产物还具有商品的价值属性，商品的价值属性决定书籍的封面设计要新颖、能一下抓住读者的目光并使读者的目光聚焦于此。根据消费者求奇、求变、求新的消费心理，书籍的封面设计可以大胆地采用新技术、新材料，带给人新奇的感受，使书籍封面产生不同的视觉效果，具备强烈的吸引力，增强消费者的购买欲望（图 5-14、图 5-15）。

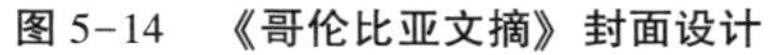

图 5-14 《哥伦比亚文摘》封面设计 图 5-15 《The Chicala Observatory 文化档案》封面设计

当然在采用新材料新技术的同时要注意艺术的美感，以现代的视觉处理方式为基础，体现和探究美的本质及形态是书籍封面设计的最终目的和根本要求，让技术与艺术的美和谐统一在书籍封面设计之中。

在构思设计的过程中，应当遵循“整体——局部——整体”的原则，即在对书籍内容理解的基础上立意，根据立意来完成书籍开本的确定，选择、创造契合主题的视觉元素，对材料尤其是不同质感的纸张的合理运用，对印刷工艺与装订形式的选择等综合构思过程，做到“意在笔先”，再根据构想逐一着手实现各元素的设计完成，步步深入局部的细节设计中去，最后仍然要回到书籍整体性的高度来对设计元素进行调整和取舍。

第三节　书籍封面、护封追求创意的方法

一、注重版式形式美的创意设计

富有创意的版式设计要求突出封面的形式美，通过现代、新颖的方式塑造形式和展现主题，增强其视觉冲击力，给读者以全新的感受（图 5-16、图 5-17）。但在突出封面形式美的设计过程中，也要注意不能一味地为了形式去拼凑元素，强行组合没有实际内容意义的流行元素。要使设计中每个元素的存在都有相应的价值，都能体现书籍内容的深刻含义。书籍封面点、线、面的构成也要依照排列的原则，元素与元素之间的组合还要注意差别、注意变化。差别小，变化不明显，那么对读者的视觉冲击力就小。反差大，变化显著，那么对读者的视觉冲击力就大，更具有视觉张力，更容易吸引读者的目光。

图 5-16　Hanzi Kanji Hanja 书籍封面设计

图 5-17　Elektra 2013 系列书籍设计

二、突出书籍主题，注重书籍封面实用性与审美性的统一

将书籍封面元素有主有次、有强有弱的布局排列，只为清晰地传达出书籍的主题思想。书籍是文化消费的对象，应注重对文化的传承与延伸。在书籍封面设计上所应用到的

每个视觉元素都要有其设计思想作为支撑。图片与文字的编排要错落有致、分清主次，图形的选取不宜复杂但也要有所看头，或增添一些趣味性的元素，充分体现设计者的审美品位。在印刷工艺、色彩搭配和图形设计上要更多地融入创意思维，具有创意的书籍形态现阶段往往由平面化、静态化转向立体化、动态化、综合化（图 5-18），形成了书籍封面设计的新语境。

图 5-18　国外书籍封面作品

留出空白是一个很重要的表现形式，同样它也是整洁、美观、留有思考余地的表达方式。在书籍封面设计中文字、图片是必不可少的组成元素，然而充斥着各种标题、文字、图片的版式设计虽然可以醒目地传达出书籍的内容，但同时也失去了设计本身的意义和趣味性，显得略为杂乱呆滞。留有适当的空白反而能让图片和文字更加引人注目。一虚一实，传达出美感并留给读者更多的想象和思考空间（图 5-19）。

图 5-19　王志弘书籍设计

四、有效地编排色彩、文字和插图

色彩在书籍封面设计中十分的重要，结合一本书的内容，确定适合它的色彩进行表现，能准确传达出书籍所要表达的情感（图 5-20）。封面文字的作用也是不可忽视的，文字能更直接地表达书籍的内容主题，使读者有更直观的感受（图 5-21）。另外，在书籍封面设计中还要注重对插图的选取，选取合理恰当的插图，利用插图对书籍主题进行形象化的表达，会使书籍封面更加生动、活泼，增加书籍的亮点，促进书籍的销售（图 5-22）。

图 5-20　国外书籍封面作品

图 5-21　《开门见山色》封面设计

图 5-22　《画面的秘密》封面设计

五、强化文字创意设计

书籍是文字的载体，一本书从其书名的字体设计到其他字体之间的组合，再到封面封底上的文字内容的如何设计等，都要做到具有整体性的编排设计。文字不仅仅是语言的载体，也是一种图形艺术，要结合一本书的特点来运用适合的字体，如果仅仅是在封面安排一些文字介绍，只能起到一种信息传达的作用，失去的是封面设计的美感，甚至失去美感的封面往往会直接阻碍读者阅读的欲望，因此文字的创意设计是十分重要的，在选择字体的时候，一定要考虑到与一本书的内容相和谐，在字库中宋体和黑体是应用较广泛的字体，大多数的设计都会结合书的内容进行变形、加粗、变细、倾斜等变化，创造出一种艺术化的表现形式，增强视觉冲击力（图 5-23）。

图 5-23　《京极夏彦丛书》封面设计

六、注重材质的运用

现代《朱熹千字文》书籍设计（图 5-24），封面设计师为了结合古代书籍的特点，追求一种原始的书装材质和形态来实现一种形式的回归，展现一种古朴深沉的设计风格，让书平添了几分返璞归真的色彩。选材形式是在好的创意前提下，给封面设计锦上添花。采用独特而新颖的创意、灵动的设计方式才能够为书籍带来新鲜的视觉感受。总之，随着信息时代的飞速发展，人们获取信息的渠道日益丰富，为了加深读者在快速浏览中的印象，书籍的封面设计就显得更加重要，成功的封面设计需要多种设计因素，封面材质的选用带来不同的异样感受，因此书籍的封面设计中不同材质设计的选用是非常重要的。

图 5-24　《朱熹千字文》书籍设计

第四节　书籍封面、护封的视觉传达表现

一、数据封面的图形设计

对书籍封面的设计图形不仅仅是美观的问题，更是将作者的思想及作品的题材风格融为一体的创作。利用图形创意独特的视觉优势来完成书籍封面的部分设计也是广泛应用的设计方法。图形设计在书籍封面设计中发挥着文字无法替代的功能。

（一）图形要素的分类

图形艺术是指以特定的图样形式来表达人的情感世界，以特定的形象——具象、意象、抽象等要素作为媒介，来表现作者内在广阔情感精神的一种艺术语言。早年间的书籍设计受到技术和制作工艺的限制，图形要素十分单一，多数以绘画艺术的形式呈现，图形更多的是起到装饰美的作用。科技的进步和“读图时代”的到来使得图形语言更为多样和重要，图形作为一种“国际语言”出现在封面设计中，还有利于书籍的国际交流、艺术交流。封面设计中的图形语言，重在“尽意”，即浓缩主题而“以象生意”。按照其表现形式可以分为摄影图片、绘画图片、抽象图形、图表化图形等，它们在书籍封面设计中各有各的魅力和特色。

1. 摄影图片

摄影技术的诞生在一定程度上颠覆了人们对世界认知的途径，是当今视觉艺术中直观性、真实性最强的表现形式，摄影使“传统艺术品的原真性和独一无二性受到了挑战，改变了艺术的传统价值观念，拉近了艺术和大众的距离”。1920 年，乔哈特威尔德的摄影作品首次用于书籍封面，大获好评。此后，摄影图片以其真实可信、生动感人及强烈的愉悦性等强大的优势进入书籍设计领域，使书籍装帧艺术显现出鲜明的现代设计风格。摄影图片应用于封面设计中，除了考虑与书籍内容的相关性外，其自身的艺术感染力显得尤为重要，如光影、色调、构图等，有时候一张出色的摄影图片加上适当的文字编排就能够成为一张出色的封面（图 5-25、图 5-26）。可以根据构思和构图的需要拍摄摄影图片，加以各种可能的艺术处理。如在不破坏画面想要表达的主题内容的情况下，裁切成非常规尺寸，或裁切成能体现主题思想的任意造型，或处理成开放式的造型，打破了惯性思维下常规的、单一的横向或纵向的构图方式，能够使得封面的构图更生动、更有趣。

图 5-25 《Homme》封面设计

图 5-26 《日本茶道》封面设计

由于摄影从根本上颠覆了传统架构上艺术的价值，直接催生了抽象主义、立体主义、达达主义、超现实主义等现代艺术流派的诞生。其中，达达主义以摄影拼贴方法创造出全新的视觉语言，对传统版面具有革命性突破。这种“摄影蒙太奇”手法使设计师具有了前所未有的自由和创意，将不同时空的摄影图片及文字混合、拼接，使画面既真实又新奇，为书籍封面设计平添了戏剧和幻想色彩。

2. 绘画图形

自书籍艺术诞生起，书籍设计与绘画艺术一直紧密相连，而摄影的诞生使得书籍封面设计中风光一时的绘画艺术逐渐丧失其主导地位。在 20 世纪 80 年代，随着计算机、设计软件、扫描仪和数字绘图工具的普及，绘画图形以诗性的方式重焕光彩，尤其在文学小说、杂谈类书籍、轻松休闲的生活类书籍等的封面设计中，绘画图形以其强烈的原创艺术性和人情味打动、感染着读者。不同的绘画形式由于绘画工具、纸张和画法的不同，具有完全不同的情感和表现力，油画的厚重、水彩的明快清丽、中国写意画的气韵生动和工笔画的精致细腻、版画的“刀味”和“木味”、漫画的俏皮幽默……可以看出，在书籍封面中，即使是同一表现题材由于绘画形式的不同所带来的艺术效果和感染力也具有差异性（图 5-27）。

图 5-27 novum 手绘封面设计

在计算机和软件的强大功能支持下，CG 艺术使得设计师的构想更为自由和真实，尤其体现在对虚拟环境的设想和表现上具有巨大优势。在书籍设计中，计算机绘图常用的软件是 Photoshop、CoreIDRAW、lllustrator、Painter、3Dmax 等。他们所绘制的图形画面精美绚丽，风格多样，给人强烈的科技感和时尚感，深受年轻人的喜爱（图 5-28、图 5-29）。

图 5-28 《老人与海》封面设计

图 5-29 《咸味恋人》封面设计

与写实性的绘画图形不同，创意图形是通过可视的视觉形态来表达创造性意念的一种说明性的视觉符号，也是设计师通过想象、联想等创新性思维创造出的“有意味的形式”，具有趣味性、象征性和符号性。封面中创意图形的灵感来自对书籍内容更深层次的思考，这种思考结果与图形创意的语言相结合便产生了使读者觉得新奇、巧妙的视觉语言，并加深了读者对书籍的思考和理解。

3. 抽象图形

1910 年，康定斯基创作了第一幅抽象水彩画作品，宣告了抽象艺术的诞生。蒙德里安曾这样说过：“抽象的绘画比有物象的更广阔、更自由、更丰富内容。”抽象图形以“有意味的形式”表现出写实手法难以表达到的视觉效果：简洁、鲜明、具有强烈的时代感。同时，由于它的非直观性和隐喻性更能让读者在联想过程中感受到构思的巧妙并引起共鸣。用抽象的形态来暗示或表达书籍的内容，在似与不似之间给读者以更多的思维空间。对于书籍设计艺术而言，有些内容由于很难用具体形象表现，或是出于构思需要，常常采用联想、象征引起情感共鸣的抽象的艺术语言。

点、线、面、几何形态、肌理效果等是封面设计中最为有力的抽象语言，都能引起人们微妙的心理反应。一方面，抽象图形通过其直观的表现性、具象征意义的符号性、含混的寓意表达折射出书籍的主题和内涵。正如人们对抽象艺术大师蒙德里安作品的评价那样，绘画的核心并不是抽象，而是某种内在的精神性追求。另一方面，将抽象图形与具象写实图形进行安排与有效组合，通过点、线、面、几何形态在有限空间内的巧妙布局，从而产生节奏感和韵律感，丰富了画面层次（图 5-30）。

图 5-30　国外书籍封面设计

（二）图形设计在书籍封面中的运用

1. 图形的选取

图形设计有多种构形手法，在设计的过程中针对书籍内容和整体意向，采用恰当的图形设计风格，不仅可以极大丰富版面的层次关系，更能给予读者良好的阅读感受。

封面设计中的主题图形，重在“尽意”，即浓缩主题而“以象生意”。主题图形的运用，是对图形的理性的选择、提炼、编辑加工及研究探索的过程，能直接体现书籍的主题。在封面中的主题图形用插画和摄影作品是最常见的处理方式，具体的写实手法在少儿知识读物、通俗读物和某些文艺、封面设计中也比较常见，因为这种具体的形象更容易让人理解。而科技读物和一些建筑、生活用品之类画册封面运用具象图片，具备了科学性、准确性和感人的说服力。

抽象图形具有强烈的艺术性、针对性和表现力，是设计师借用造型艺术的思维和联想，归纳、演绎、提取一般性中的特殊性“抽象”而获得的“有意味的形式”。抽象图形对提高书籍的艺术品位、欣赏层面、阅读功能、收藏价值，都具有独特意义。有些科技、政治、教育等方面的书籍，有时很难用具体的形象去提炼表现，可以运用抽象的图形语言，使读者能够意会到其中的含义，得到精神感受。

中国的传统纹饰是非常值得现代艺术设计借鉴的设计语言。随着对传统文化的认同和理解，中国当代书籍设计，尤其是高品位书籍，很多都运用了纹饰装饰。巧妙、合理地运用，对烘托书籍的文化气氛，增强书籍的书卷之气，表达内容主题都有极大的帮助（图 5-31）。

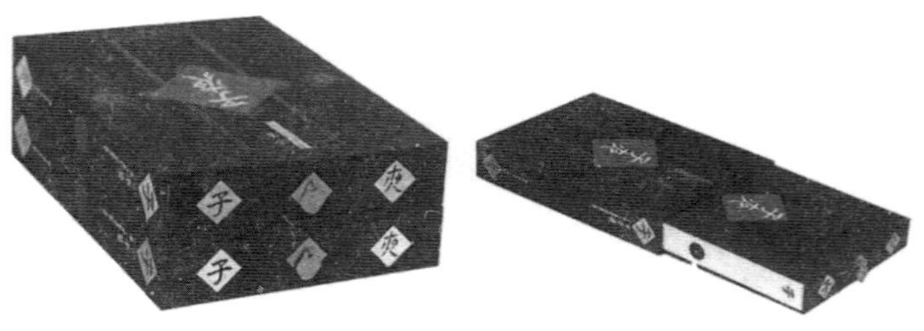

图 5-31 吕敬人设计书籍

2. 图形与背景的合理运用

日常生活中经常可以见到各种各样的图形，我们会因为某个设计精彩的图形而发出会心一笑，或者因某个看上去并不顺眼的图形而放弃继续观察或购买的想法。很多人会把这些原因归结为图形本身制作的精彩或不合理，但是，当我们深入其中研究就会发现，这些图形并不单纯的存在，它与其后的背景紧密相连，有着密切的关系。也就是说，在知觉过程中人的眼和脑共同起作用，从而影响我们观察的事物是图形或者是背景。

图形和背景是由于在一个特定的范围内，有些形象比较鲜明突出，从而构成了图形；有些形象对图形起到了烘托作用，构成了背景。比如群星捧月或我们常说的“万绿丛中一点红”。

一般来说，在明度、色相、彩度上，相互对比的关系差异越大的，越容易成为图形，尤其是明度之间的关系：如果静态与动态两者比较，动态较易成为图形；周围中较突出的，容易成为图形：有凹凸感的两者比较时，凸出的易成为图形；在大小的比较中，面积较小的容易成为图形；另外，被包围的容易成为图形。

图形与背景的关系，有时也成为正负形、反转现象。凡是被封闭的曲面都容易被看成“图”，而封闭这个面的另一个面总是被看作“底”。图形和背景的关系实际上就是一个封闭的区域和另一个非封闭的背景之间的关系，而且面积较小的总被看作“图”，面积较大的面总被看作“底”。设计师和艺术家通过对画面上图形的形状、大小和布置关系的调节来达到图形和背景关系的模棱两可，画面表现出图底关系的转换。在我国的民间剪纸中，这种正负形和反转的关系表现得更为明显（图 5-32）。

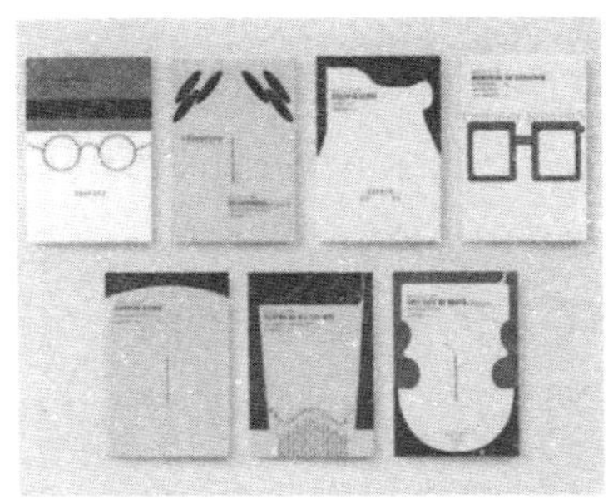

图 5-32　国外书籍封面设计

二、书籍封面设计的色彩设计

当我们最初接触到一个事物而产生第一印象时，色彩的吸引力往往高于其造型所产生的印象，色彩可以帮助用户快速建立产品认知，适当的色彩应用能够增强画面感染力，提升产品印象与感觉，使人们产生某种情感共鸣，从而能影响用户对产品的最终感受。色彩情感作为书籍封面设计中最为关键的一门艺术语言，极具强烈的视觉冲击力，其不但可有效美化书籍的版面、促进书籍内容的表现，而且也具有丰富的艺术内涵，从而提高书籍的品位，是书籍装帧艺术中必不可少的重要元素。如何在书籍封面设计中运用好色彩情感这一元素，是一个值得深入研究思考的问题。

（一）色彩情感在书籍封面设计中的作用

色彩本身是没有生命和情感的，当然也无从谈及价值。但人是可以感受色彩带来的情感体验，人类可以通过积累的生活经验、色彩波长带来的视觉刺激，在心理上产生一定的情绪，这种情绪感受是被普通大众所接受和认可的。

1. 色彩情感在书籍封面设计中融进了文化价值

书籍封面艺术的设计与文化趋向表达是紧密相连的，不同地域、民族出版的书籍封面都具有一定的文化特征，色彩在文化表达中具有重要的作用。书籍封面设计中，色彩的恰当运用取决于大众的审美判断，美的色彩的运用有利于激发受众的阅读兴趣，也提高了封面的审美情趣及文化品位，展现了书籍作为民族的符号、时代的符号，更是艺术的符号的特征，而这些符号正构成了书籍的内在文化价值（图 5-33）。

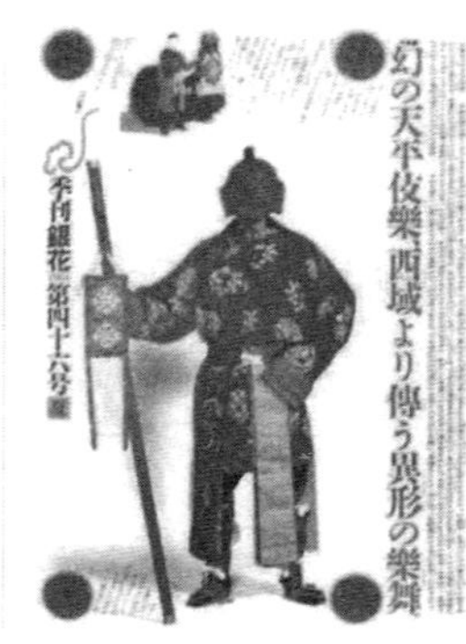

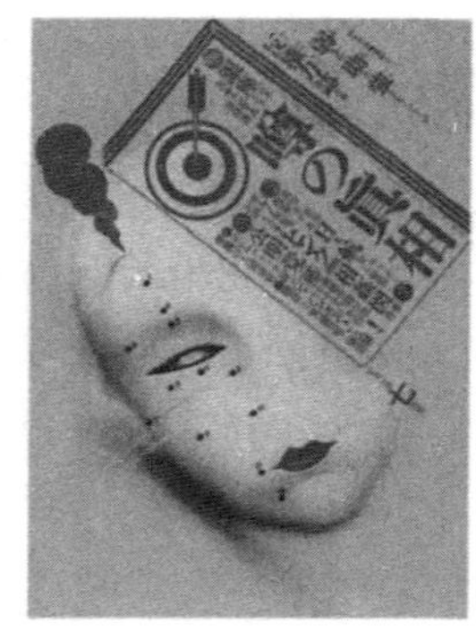

图 5-33 杉浦康平书籍封面设计

2. 色彩情感在书籍封面设计中展现了商业价值

美学价值隶属于艺术这一范畴，而商业价值则从属于经济这一范畴。从本质上看两者似乎没有联系，甚至是对立的。然而，书籍封面设计不但展现了美学原理，而且也体现其经济价值，完美的封面设计将这两者进行了有机结合。在数目繁多的文化商品市场上，在琳琅满目的书籍中，如何使得该书籍得以脱颖而出从而达到销售这一目的，是书籍封面设计的第一要义，也是该文化产品商业价值体现的关键。具有醒目、突出、有特点的色彩搭配的书籍封面可以在诸多书籍中脱颖而出，容易被读者所注意和购买。

在书籍封面中色彩是不可或缺的，是需要大量使用的元素，在目前靠“颜值”产生购买力的时代，书籍封面的色彩搭配以及传递出的情感特点直接影响读者购买欲望。不同类型题材的书籍一般都会选择具有一定类型特征的主体色彩来做封面设计。比如青年文学书籍版式设计简洁疏朗，让阅读流畅而有节奏，往往使用较为清新的色彩搭配，使用浅色暖色系色彩，烘托青春、懵懂的氛围；探秘小说会使用超级符号特色来吸引人眼球，往往使用冷色系的深色蓝、灰、黑和大红、正黄色形成强烈色彩对比，在同类书籍中利用色彩对视觉的冲击力，吸引读者阅读。

在世界经典名著的封面设计中，商业价值的体现更多的是收藏价值，这就要求在设计中更注重工艺、色彩设计。由南海出版公司出版的马尔克斯的《百年孤独》和《霍乱时期的爱情》两本书在封面色彩设计时，尝试了很多款式和色彩配比（图 5-34、图 5-35），考虑读者对于这本书的收藏需求反而是第一位的，两本书分别采用了黑棕和暗红两种主体色调，使用单一色彩作为书籍封面颜色，配以印花线条图案勾勒形态，抵消了黑色带来的压抑感和红色带来的激烈洋溢，显得端庄而优雅，凸显了书籍本身的品质。

图 5-34　《百年孤独》封面设计

图 5-35　《霍乱时期的爱情》封面设计

另外，色彩情感的商业价值也与时代的潮流动向有紧密联系。服装行业有流行色这一说，在书籍封面设计中也存在着流行因素。设计者在构思封面的色彩安排时，也应关注时代的流行动向。通过合理的色彩搭配，把握读者的视觉心理，展现书籍的鲜活生命力，从而在书籍封面中展现该书的文化价值及商业价值，最大限度地发挥色彩情感在书籍封面设计中的正面效应。

（二）书籍封面设计中色彩的运用特性

书籍封面形态中，有三大视觉要素，分别是图形、文字及色彩。而色彩对于读者的视觉刺激最为敏感，是关键的视觉信息符号。不同色彩对读者产生不同的审美体验，读者对色彩的审美感知也互不相同。设计者应了解色彩情感在书籍封面设计中的重要特征，才能真正把握色彩美学原理，设计出理想的书籍封面，实现其设计构想。

1. 色彩在书籍封面设计中具有直观性

色彩是美术的一门重要艺术语言，而美术的首要特征即为直观。美术不同于其他艺术表现形式。比如，音乐是最为抽象的一门艺术语言，其传递的思想感情也较为抽象。一般可以描述某段音乐是小桥流水，也可说是淅淅沥沥的小雨，还可以说其犹如暴风疾雨等等。文学也是如此，其通过语言文字作为媒介，借助读者的联想、想象，从而感知该作品的内容。而美术作品则不同，其采取不同的明度、色相及纯度等特性，具有直接感观性，方便读者一眼读出书籍传递的情感。如《美哉汉字》一书，该书传递的是中华民族的汉字传统及民间文化，其封面设计借用书函形式，再配以棕色及黑色，从而给读者带来一种古典而又富含现代韵味的视觉效果。书籍通过线装装订法，封面设计突出龙的造型，再配以黄色作为主基调，红色和绿色作为辅助色彩，在独特亲和力之间传达了这一传统理念（图5-36）。总之，书籍的内容、封面设计与其色彩设计是紧密相关的。

图 5-36 《美哉汉字》封面设计

2. 色彩在书籍封面设计中具有象征性

色彩所采用的不同色相、色调将带给人不同的心理感受，也激发读者进行不同的联想。不同民族、地域以及不同时代，色彩的象征意义也各有不同。在书籍封面设计中，则要妥当运用好白、黑、红、橙、黄、绿、蓝、紫等颜色。白色象征着纯洁，代表着高尚的感情，意味着吉祥与幸福；黑色呈现的是庄重感，代表着威严与稳固；绿色作为生命的象征，意味着成长、生存与和平；蓝色象征着广阔、深远，带给人静谧之感，也抒发着宽广的胸臆；黄色蕴意着光明、希望，代表着荣华富贵，是一种崇高、神圣的色相：橙色也是食物丰硕果实的颜色，给人甜蜜、丰收之感：红色带给人热烈、喜庆之感；紫色给人以神

秘、高雅之感，等等（图 5-37）。总之，不同色彩在书籍封面的运用中具有不同象征含义。深入了解、把握色彩的不同蕴意，才能在书籍封面设计中更好发挥色彩的表现功能，也促进读者不同联想的衍生。

图 5-37　书籍封面设计

3. 封面用色应与书籍内容相符

诚如设计家冯德力希先生所言，书籍的外观应当按照不同书籍的不同内容而与之相匹配，书籍的外观形象并非标准，书籍内容才是设计者应首先考虑的重点。书籍封面所选用的色彩应当根据书籍的主要内容来确定。得体的色彩处理及艺术表达，能获得夺目效果。比如，2008 年浙江人民出版社出版的《激荡三十年》（图 5-38），该书的封面设计采用了大面积的红色，红色是三原色之一，红色的纯度高、注目性高、刺激作用大，是视觉效果最强烈的色彩。同时红色也是中华民族最喜爱的颜色，中国人近代以来的历史就是一部红色的历史，承载了太多红色的记忆，大面积的红色刺激将读者的思绪引导到中国企业激荡起伏的风雨历程。书籍封面再配以狂傲不羁的白色书名字体，醒目、突出、观感性强。

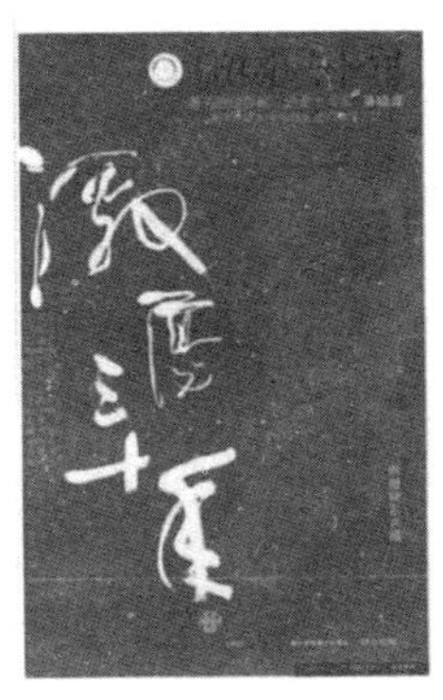

图 5-38　《激荡三十年》封面设计

书籍的封面设计及其装帧，都应立足于书籍的内容、书籍所涉对象，从而选定恰当的色彩来匹配。市面上有个别书籍，其封面颜色设计过于鲜艳，采取红绿搭配、黄紫搭配的表达方式，给予读者刺眼之感，也容易贬低该书的文化认同感。针对此种情况，笔者建议采取面积调和法，即通过调整色彩占据的面积，将强烈的色彩对比化解为较为分散的小板块，从而达到色彩和谐。又或者通过扩大两种色彩其中一个的面积从而在不和谐颜色中建立主次关系取得平衡。此外，还可采取降低色彩的纯度以及增加黑、灰、白的方法来调和色彩。

4. 立足于读者群的色彩定位

不同的读者群对应着不同的匹配色彩。个别设计者特意为展示自身才华而不顾书籍的特点及内容，过分追求自我展现，随意配置主观中意的颜色，导致书籍封面的用色不协调，影响了书籍的市场销售量。

不同年龄阶层、不同文化层次背景的读者色彩偏好不同，如鲜艳的色彩、高纯度的色彩更容易受儿童喜爱，因此少儿类书籍封面大多倾向于借用黄、绿、红等色调，级别区分度大、色相明确的亮色色彩。比如几米的《小完美》（图 5-39）恰到好处地借用各种纯真明快的色彩来设计书籍的封面，给人明朗和谐、舒心的感觉，容易获得儿童的青睐。与之相反，成年人书籍其对应的成年读者群体，在书籍封面设计中则应采取相对含蓄、低调、暗沉等饱和度较低的颜色。学术理论类书籍封面色彩更是如此。书籍封面在其不断再版过程中，也会跟随着时代发展、读者群体的不断转变来重新设计定义书籍封面。比如前文所提到的《激荡三十年》，在 2015 年修订再版改为《跌荡一百年》时（图 5-40），封面使用目前流行的全白色装帧，配以小号黑色标准字体，更加冷静而平和。同一本书在不同时段所选择的封面设计都是经过出版社重新寻求书籍内涵、定位读者群的成果。

图 5-39 几米作品《小完美》

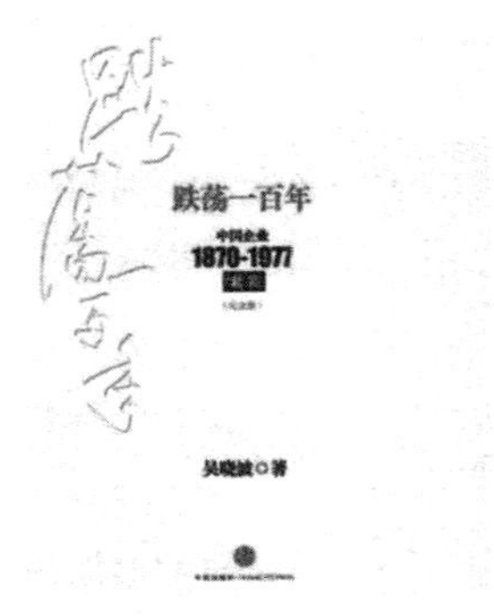

图 5-40　吴晓波《跌荡一百年》

5. 合理搭配图案与色彩

图案的选择和色彩的搭配更是关系到书籍封面美观和内涵的体现。例如，在民族类书籍上，由于各个民族的装饰图案具有鲜明特色，因此，该类书籍的封面设计应充分发挥色彩和图案的视觉效应。比如，藏族的装饰图案受外来文化的熏陶较多，故而出现如藏八宝纹、佛塔纹、曼陀罗纹等图案纹样，所采用的颜色主要是带有不同象征意义的红色、黄色、蓝色、绿色及白色（图 5-41）。书籍设计的一个重要使命，即在于书籍作为一种艺术表现形式，不可随心所欲，而是一种“戴着镣铐跳舞”的艺术，要立足于形式美的构成法则，采取理性的色彩构成，从而创造出独特而又有魅力的形态，以激发读者的阅读和购买欲望。对于封面色彩的选择、搭配，应根据书籍的内容、主题，合理搭配图案，才能达到设计构想预期目标。

图 5-41　《天堂在左 西藏在右》封面设计

色彩的恰当选择、搭配，不仅美化书籍版面，有利于书籍内容表达，也提升了书籍的艺术内涵和文化品位，具有文化价值和商业价值。因此，应在书籍封面设计中充分发挥色彩直观性、象征性和装饰性等特点，才能最大限度地通过色彩情感展示书籍内容，吸引读者注意。此外，还要立足于读者群的色彩定位，注意书籍封面色彩的用色与书籍内容保持一致，合理搭配图案与色彩，才能创造出既展现民族特色及传统文化特质，又体现鲜明时代感的书籍作品。

三、书籍封面设计的文字设计

书籍是文字的载体，字体的设计在书籍的封面中是必不可少的元素，不仅向人们传达书籍所要表达的内容，还能给人以艺术的享受。当今，人们越来越重视书籍封面中的字体的形式美感。

（一）文字设计在书籍封面中的运用

1. 文字的个性美

每一种文字都是有其性格特征的，通过各自的形式引起读者情感的不同反应。黑体的强壮有力，宋体的端庄典雅，仿宋的秀丽挺拔，楷体的清新愉悦，幼圆体的圆润饱满，行书的奔放自由等，各有神采。书籍封面设计中对字体的选择、设计，都是在对书的内容理解把握基础之上，选择各自“恰如其分”的表达形式。对于书籍封面的书名、作者名、出版社名等文字信息，选择何种字体要多做比较与尝试，通过字体的个性特征来传达书籍的内涵和情调（图 5-42、图 5-43）。

图 5-42 《食 世界史》

图 5-43 《山路弯弯》

在这些文字信息中，书名字可以说是最重要的文字对象，甚至往往成为书籍封面主要的视觉图形。但是，常见印刷字体的广泛运用使得自身缺乏新鲜感，平庸而乏味，因而真正的设计师是不满足于计算机字库中现有的字体的，而是通过置换、打散、增减、共用、借用及计算机特效等多种表现形式对字体进行再设计，张扬个人的审美趣味并传达给读者，赋予书籍鲜活的生命力，以引起读者的强烈共鸣。

2. 文字的编排美

封面中出现的文字，包括书名、丛书名、作者名、出版社名、内容说明等，要求设计师对书籍文字进行整体编排设计，同时运用艺术处理手法对其进行创造性的整体布局，使文字与其他视觉元素之间的编排设计形成主次分明、变化而和谐统一的画面。这样读者的视线就可以沿着一条自然合理、顺畅的流程节奏进行浏览，达到一种赏心悦目的阅读过程。相当多的优秀书籍设计，其封面完全是以文字群的编排为读者带来视觉愉悦的。

书名是封面设计中的核心要素，其他的文字和文字群的设计要服从书名文字的设定，并利用字体字号的大小、字距、行距、字的排列方向的变化等，从而形成视觉等级，传达整体信息的节奏与层次。文字群的排列结构可以根据点、线、面的构成方法来进行设计，一个字在视觉上是一个点，一行字在视觉上是一条线，一片字在视觉上是一个面。设计师利用这种心理反应，在封面设计中将文字作为点元素，对副标题、出版社名、作者名等文字进行字体、字号的选择和字距、行距的调整及排列，形成了强弱、虚实不同的线或面，充分地体现书籍本身的主题性格。但无论运用什么样的设计方法和排列结构，都应在不破坏封面整体美感的基础上，尽可能地突出书名，准确传达出书籍内涵的阅读功能和审美认知功能（图 5-44、图 5-45）。

图 5-44 《消失的相对论》

图 5-45 《细雪》

3. 文字的工艺美

为了获得更好的视觉效果和更好地表达设计师的构思，从压凹、压凸、镂空到 UV 上光，设计师们总是试图通过不断发展的印刷工艺来创造出新的书籍形态。同样，对文字（主要指书名文字）采取或凹或凸或局部上光的印刷工艺处理，不仅使读者在视觉、触觉上感受设计师想传达的情绪，其独特的形式感也使人耳目一新。尤其是精装书籍由于封面材质常常采用特殊的纸张、皮革、织物等，书名字多用烫金、烫银的特种工艺处理，简洁之中不乏华丽（图 5-46、图 5-47）。

图 5-46 《心是孤独的猎手》

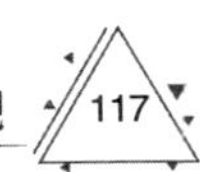

图 5-47 《中国现代陶瓷艺术》

此外，抛开文字本身的特质，文字在图形、色彩两大视觉元素的激发配合下，其基本的传达功能未受影响，视觉形象更为生动。将与文字含义相近、情感相邻、意念相似的图形符号同文字巧妙地融合，能给文字注入更深的内涵和情趣，增强读者的阅读兴趣，是形式与内容的完美结合。而色彩与文字总是如影随形的，利用色彩的情感和知觉度使书籍封面上的文字活跃起来，并于二维的空间之中呈现丰富的画面层次感。

（二）未来封面设计中的字体设计新形式

随着人类文明的发展，人们精神需求的提高和审美观的改变，基本的字体设计已经不能满足人们的需求，所以要加强文字设计的创意性。用敏锐的眼光来观察生活，将看似没有联系的设计元素结合起来，用以传达信息，创造出具有时代意义的流行文字和符号，创造出新的时尚和新的风格。封面中的字体设计的设计方向主要包括以下三个方面：

一是从书法艺术中汲取营养。书法艺术作为印刷字体的前身，与字体设计有着不可分割的联系。将书法的活力注入字体设计可产生强烈的艺术感染力和视觉冲击力。书法的独特性、偶然性、自发性也是非常重要的特色。书法的实用功能、表情功能和审美功能综合体现了书法艺术的情感和书籍信息的传达功能（图 5-48）。它的表现性和审美性强化了文字单纯的识别性，把无生命的文字赋予生命，塑造成有艺术美感的形象。

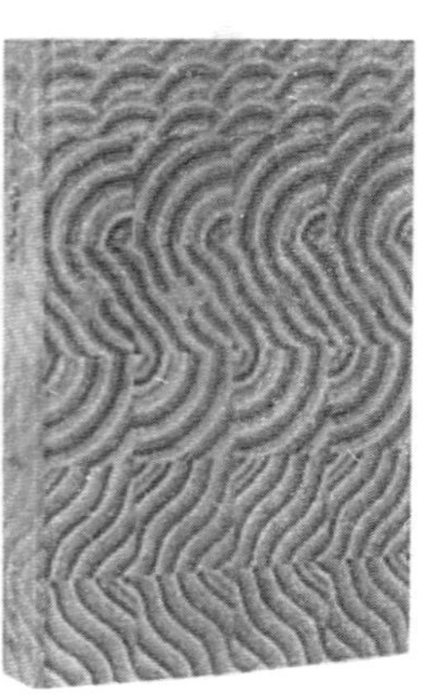

图 5-48 《美丽的京剧》

二是从民间字体设计中汲取营养。在文人士大夫创作了大量杰出书法作品的同时，民间艺人也以他们的聪明才智设计出无数巧妙的字体图形。如饰有虫形、鸟形的鸟虫书；笔画头粗尾细的蝌蚪文；随势屈曲的瓦当字；字画结合的板书；淳朴吉祥的剪纸字；藏字于画的竹叶诗……每一种形式都是奇巧的设计，值得我们学习、借鉴（图 5-49）。

图 5-49 王志弘书籍设计

三是电脑辅助设计。电脑的运用极大地拓展了设计的表现空间，增加了创作表现的可能性。可以说，没有它做不出的，只有我们想不到的。我们既可以利用电脑的帮助更有效地完成图文结合、立体投影、肌理材料等任务，又可利用电脑特有的程序进行字体的处

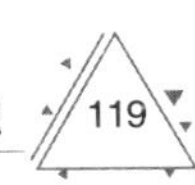

理，使字体带有某种“感觉倾向”，如神秘感、电子感、未来感等。面对着这个“万能”的机器助手，关键是如何来控制它为我们的设计服务，而不是让它令人目眩的特技效果抑制了我们的创造力（图 5-50）。

图 5-50　国外书籍字体设计

四、书籍封面设计的材料应用

材料和印刷工艺发展日新月异，特种纸、皮革、金属、塑料、木质、竹质、布料等各种材料也被频频应用在书籍封面设计中。在印刷工艺上，还出现了覆膜、烫印、压凹凸、镂空、UV 上光等新工艺。材料是形态得以实现的基本保证，它能够淋漓尽致地展现出设计者的“闪光之点”。将嗅觉、触觉等视觉以外的感官体验元素融入设计中，从而达到引导读者与书籍的趣味互动，也成为书籍设计创新的方向。在书籍封面设计中，设计师们不仅把材料和工艺看作是设计的物质保证，而且也是一种积极的交流感情的媒介，是设计师表现自我的镜子，赋予材料以人文含义和组合特征，使书籍形态成为一个和谐的富有表现力的精神世界。

材料的特性导致材料具有不同的心理感受，这种感受是由材料的质地、色彩、肌理等因素给人造成的综合感受，会直接影响人们对整体造型的最终感受。如木材的自然、亲和；金属的沉稳和冷漠质感，金、银、铂的色泽给人富贵感；织物给人的柔和感和温暖感，薄或透明的织物还具有一种通透感等。利用材料自身的视、触觉的特性及给读者带来的审美感情来选择书籍封面的材质。吕敬人设计的《赵氏孤儿》（图 5-51）一书的封面采用了布、纸、木、革四种材质，形成的对比中的和谐，带来层次丰富的视、触觉形态。材质的美感使整个书籍凝重典雅，被我国领导人作为国礼赠给了法国元首和国会。小马、橙子设计的《刘小东在和田 & 新疆新观察》（图 5-52）书籍封面采用柔软的黑色仿真皮，周边打毛，有着强烈的感触，体现出随意放在包中的笔记本不断使用的时间概念，该书获得 2013 年“世界最美的书”称号。

图 5-51 《赵氏孤儿》

图 5-52 《刘小东在和田 & 新疆新观察》

材料的象征性是书籍内容的物化象征，即通过书籍的材质以直白或隐喻的视觉语言传达书籍的内涵和主题。《无处不在的红白蓝》（图 5-53）不仅采用红白蓝尼龙袋包装，且书籍的封面也是以线订的红白蓝尼龙袋作为其材质，是非常醒目的书籍形态。红白蓝尼龙袋在中国的很多城市随处可见，在一定程度上代表了中国城市的某种文化现象和现实。因此这一材质以隐喻的视觉语言表达了作者对城市生活的感觉和体验。

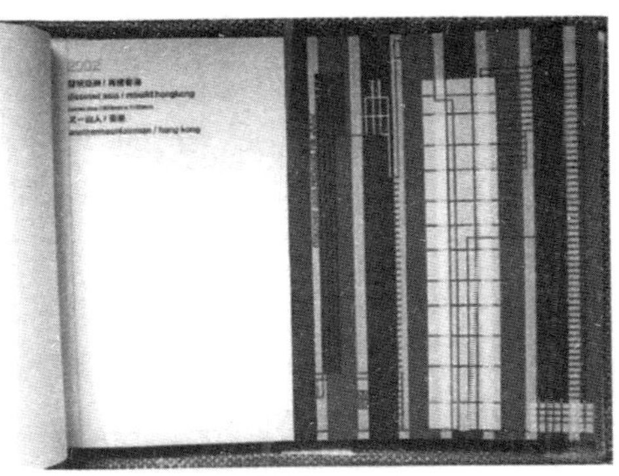

图 5-53　《无处不在的红白蓝》

现代书籍设计强调让阅读更舒服，省去不必要的材料，降低了成本，也避免了浪费，符合如今低碳社会的要求。同时，注重外观形式的书也不能忽视，因为不少读者是为了装饰或收藏而买书。阅读性强和形式感强的设计都有需求人群。设计者不能孤立地去追求提高书籍的阅读性，也不能一味追求华而不实，应该把设计的创意和提高阅读性完美结合起来，让书籍能更好地兼顾实用性和艺术性。

书籍封面首先展现给人的是形式的美感，如同其他艺术设计的形式一样，其设计也要遵从形式美的设计规律，充分运用形态要素如点、线、面、体、空间、肌理等，还要运用构成要素诸如形式、节奏、韵律、对比、调和、变化、统一等形式美法则，展示书籍封面各视觉元素有机关系，或简洁凝练，或丰富繁杂，根据书籍性能要求，达到完美的视觉效果。

第六章 书籍装帧的创意与设计

第一节 书籍装帧外部结构的创意与设计

一本完整的书是由诸多部件构成的。书籍装帧根据功能和结构的不同，可分为起保护作用的外部构件设计（如，封套、腰封、书函等）和丰富书籍的内部结构设计（如，环衬、扉页、版权页及书籍核心的正文页等）两类。这些部件的创意和设计涵盖了整体设计的主要内容。熟知和掌握各组成部分的功能作用及创意设计的要求，是把握书籍整体设计的基础。图 6-1 所示为精装书的组成部分。

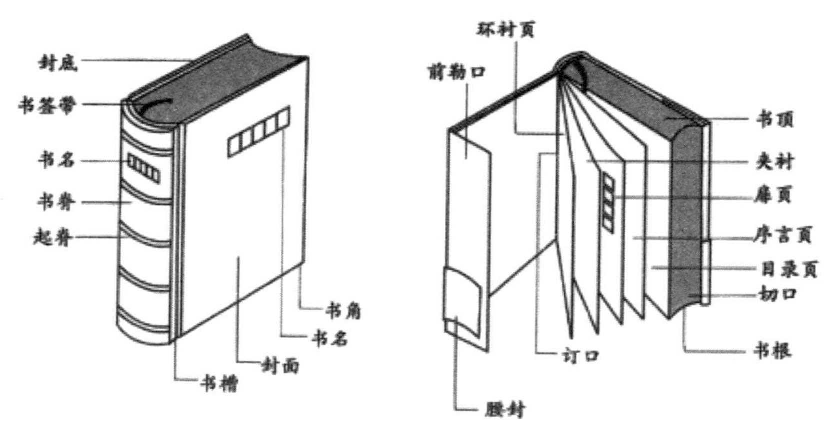

图 6-1 精装书籍的组成部分

一、封套

现代书籍一般有两种规格，即精装本（图 6-2）和平装本（图 6-3）。精装书和半精装书（介于精装书和平装书之间）通常用硬度较好的纸或纸板做封面，外面用一层包封纸，称为护封或外封面（图 6-4），护封常常是封面的再现，它与封面都起到了保护书芯和装饰的作用，设计原理也大致相同，因此在这里我们把它统称为封套。封套的主要设计内容有封面、书脊、封底、勒口、腰封（图 6-5）。

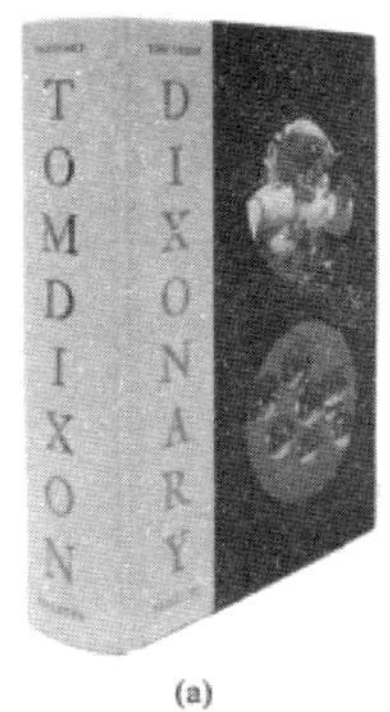

(a)

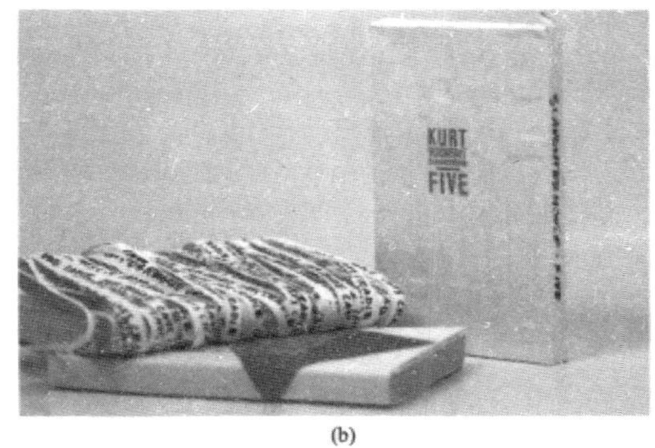

(b)

图 6-2　精装本示例

(a)

(b)

图 6-3　平装本示例

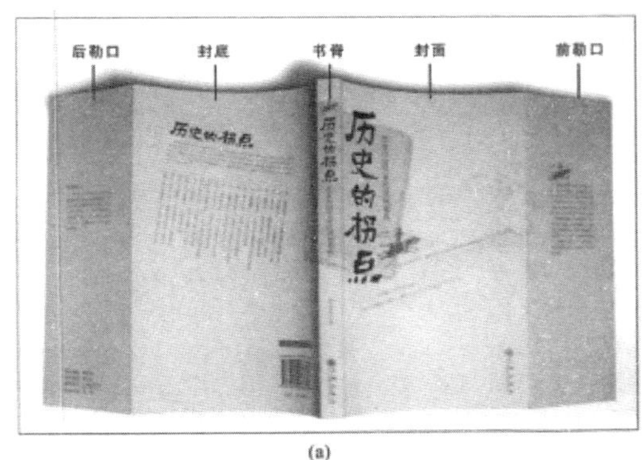

(a)

(b)

图 6-4　书的护封

图 6-5　各种书的腰封示例

（一）封面

书籍的封面也称“书皮”“封皮”。广义的封面是指书籍的表面部分，它包裹着整个书芯，起到保护书、装饰书和诱导阅读等作用；狭义的封面是指前封面（针对书脊和封底而言），其主要设计有书名、编著者名、出版社名，能反映书的内容、性质、体裁的主体图形形象，以及色彩、构图、工艺的设计等。封面表达的是一定的意图和要求，有明确的主体，它的目的是使主题被人们及时理解和接受。这要求书籍的封面设计不但要单纯、简洁、准确和清晰，而且在强调艺术性的同时，更应注重通过独特风格和强烈的视觉冲击力来突出主题。封面的设计要抓住五个要素，即文字、主体图形、色彩、构图、工艺（图 6-6、图 6-7）。

(a)

(b)

图 6-6　封面设计示例

(a)

(b)

图 6-7　封面工艺示例

1. 文字

书籍封面文字通常有书名、副书名、著作者名、出版社名等，书名就是该书的主题词，传递着图书的主题信息，它是读者关注的中心，同时又是传达情感的符号。副书名则可以提高书名的专指度。著作者名提供了有关的作者信息，读者可以进行比较和选择。出版社名的信息内容可以让读者鉴别其内容的种类、层次和专业特色。有的书籍封面还出现广告形式的文字，这些更便于读者准确、快捷地进行鉴别。封面文字的阅读是一个短暂与复杂的过程，其基本设计要求是要让读者看得清楚、看得懂，在此基础上才考虑形式的美感、情感的传达。书名文字在整个封面设计中具有相当重要的地位，几乎所有的设计要素与创意都是围绕书名设计展开的，其一般设计规律如下：

首先，要根据书籍的内容选择和设计与之相匹配的书名字体。计算机字体库中有大量的不同字体，为我们提供了大量的设计素材，不过要用得对、用得巧才能达到预期的效果，设计者要熟知和掌握各种字体的“性格特征”。比如：黑体字的笔画均匀、端庄敦厚，较为醒目；宋体字形态挺拔，笔画寓于变化、刚柔并济；幼圆之类的字体笔画粗细适中，方圆互成，字体圆浑方劲；书法体的笔画抑扬顿挫，字体婀娜多姿，“表情”千变万化；手写的艺术体和书法体更增添了人性的灵动。一般来说，政治类、社科类等类型书籍的书名常用端庄严正的字体，对于故事性较强的小说和少儿类等类型书籍常用笔画多变、字体灵动、秀丽的字体。

其次，根据书籍内容来对书名文字进行字体设计。虽然计算机印刷字体的种类繁多，但它们的“表情”也比较模式化，会给人一种机械感。所以，我们可以根据书籍内容来设计文字，或者对精心挑选出来符合书籍内容精神的字体的笔画结构进行变形，如运用添加、省略、变形、夸张等变化手法，如图 6-8 所示。

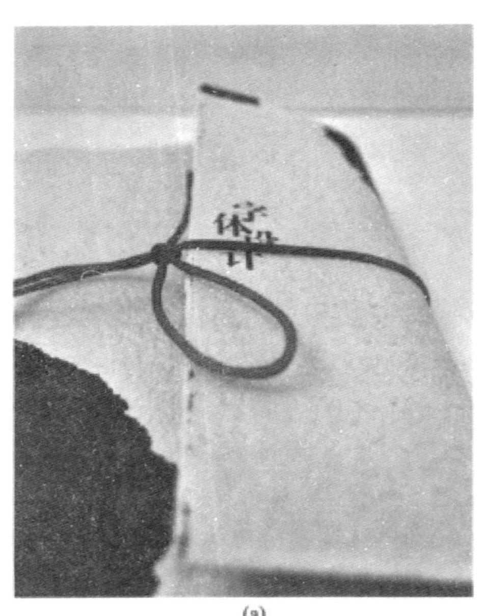
(a)

(b)

图 6-8　字体设计及变化示例

最后，对书名的文字进行编排设计。例如运用不同的字体来组合编排，使用中、英文混合编排，文字与图形结合的编排形式等，如图 6-9 所示。但要注意的是，设计形式要符合人的视觉规律，或从左至右，或从上至下，或倾斜排放，都应该让人看起来顺眼，不要为了追求形式感而破坏它的识别性。

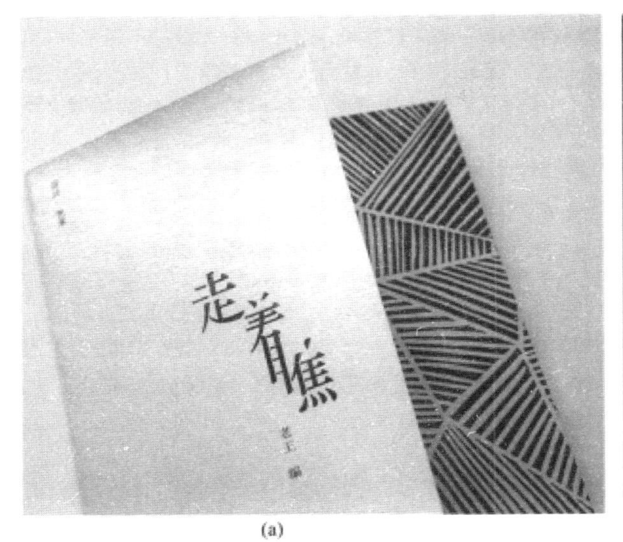

(a)

(b)

图 6-9　书名文字的编排设计示例

2. 主体图形

主体图形是指封面上能引起读者思考或情感活动的图形语言，它是设计者对著作文本内涵情感化的符号和物化的产物，在调动人们的审美情趣方面具有不可替代的作用。主体图形所具有的载体性或本体性的双重属性使书籍文本的内涵凝聚成图形这一载体的同时，也呈现出封面设计的整体美，创造出游离于创意之外的独立审美价值。主体图形的主要表现形式有几何图形、装饰图案、绘画作品、摄影图片及各种插图等。

主体图形的创意与表现是封面的设计难点，当题材确定以后，对于用何种形象图形去表现主题，以及怎样进一步表现是封面设计的重要一步。中国画历来主张“意在笔先”，其中的“意”就是指构思。设计者必须在构思之前充分地理解与原著有关的背景知识，以便较好地把握原著的精髓，在熟悉原著的基础之上，深入挖掘素材，并运用隐喻、联想与象征等手段，围绕书籍的内容、精髓进行原著的形象化再造。构思时要善于抓住反映书籍内容的本质和典型，通过一个点、一个侧面、一个角度对书籍内容进行概括和提炼，参考必要的生活素材和资料，选择一个理想的方案。

(1) 构思的方法有想象、舍弃、象征和探索。

想象：构思的基点，想象以造型的知觉为中心能产生明确有意味的形象，我们所说的灵感，也就是知识与思维的积累结晶，它是设计构思的源泉。

舍弃：书籍装帧大师张光宇先生曾经说过，“装帧设计先做加法，后做减法”。构思过程之初要挖空心思，多画草图，多出方案，到了最后审定方案时，往往“叠加容易，舍弃难”，对多余的细节不忍舍弃，因此，构思时也需要对不重要的、可有可无的形象与细节忍痛割爱。

象征：象征性的手法是艺术表现最得力的语言，用具象来表达抽象的概念或意境，也可以用抽象的形象来意喻表达具体的事物，它们都能为人们所接受。

探索：设计要新颖，构思也需要标新立异，要有创新的构思就必须要有孜孜不倦的探索精神，所以构思时可以用逆向思维来打破人们惯有的思维模式，对流行的形式、常用的手法、俗套的视觉语言要尽可能地避开不用。

（2）主要表现形式有直述型和表现型。

直述型：一种较为直接的表现手法，它将书籍的中心内容较为直观、准确、形象地表现于封面上，这种表现方法带有较强的说明性，使读者能够直观地从封面形象中读出书的主题信息，常用具体的形象来回答封面命题，如图 6-10 所示。直述型的封面形象一般运用写实性较强的图像或图形来表现，通常适用于主题较为具象的书籍，例如各种类型的教材、以著作者为宣传卖点的书籍，如，个人画册、著作集等。可以将表现教材主题的图形或图像、作者肖像、代表作品等经过一定的艺术处理和组织编排直接表现在封面上，对于一些文学类的书籍也可以用这种手法，将作品中的典型人物、事件、场景、气氛等进行提炼概括，通过将文学形象转化为视觉绘画形象的方法，使其成为封面的主体形象。

(a)

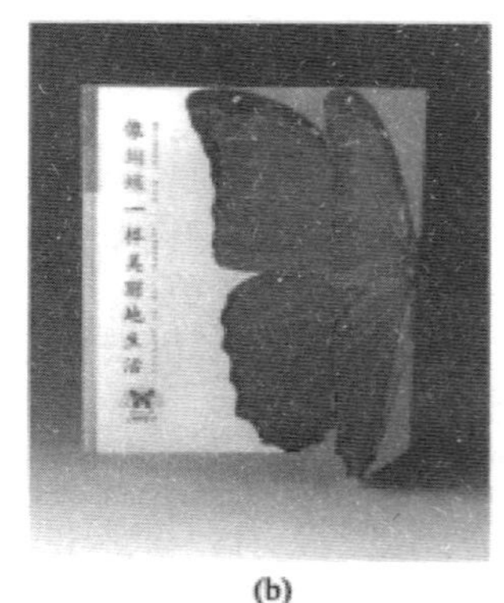

(b)

图 6-10 直述型封面图形

表现型：运用意象化或抽象化的形象来表现书籍主题，如图 6-11 所示。何谓意象化的形象？“意”是设计者主观的心意，“象”是客观的物象，意象化的形象是具有客观物象的形态又被赋予或体现着人主观情感的一种新的形象。意象化的形象具有丰富的表现性，给读者无穷的想象力。它通常运用联想、比喻、象征、抽象等手法来按题意设计形象，意象化的封面形象适合用于内容比较抽象的书籍，如，散文、诗歌、艺术等类型的书籍。一般具体的形象不能概括和表达的封面主题，可以用意象化的主题形象来表达。

(a)

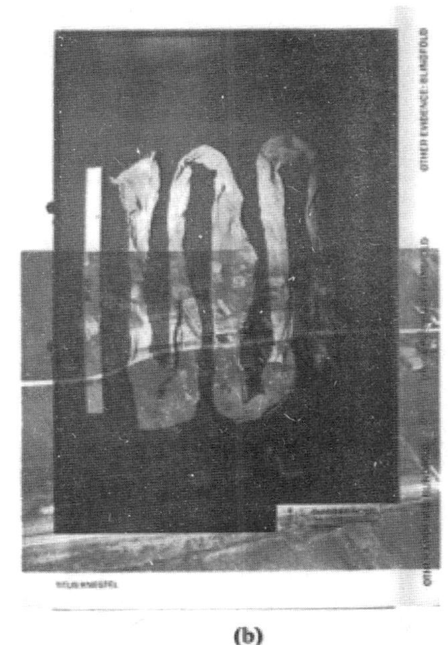
(b)

图 6-11　表现型封面图形

3. 色彩

西方著名美学家鲁道夫·阿恩海姆曾在他的论著《艺术与视知觉》中提出这样的观点："严格来说，一切视觉表现都是由色彩和亮度产生的。"很多时候，色彩在视觉传达中是优先于图形和文字的。色彩能够对视觉造成强大的刺激力也能够表现各种情感，怎样运用好色彩来为封面增添光彩，是封面设计的主要任务之一。封面色彩的运用应该注意以下几点。

（1）根据书籍的特征选择色彩类型。

什么样的内容赋予什么样的色彩，种类不同，面对的读者群不同，运用的色彩基调也有差别。一般来说，青少年读物的色彩，根据青少年娇嫩、单纯、活泼、可爱的特点，色彩运用往往较为高调，并适当地减少各种对比的力度，营造一种清新、适目的感觉；女性书籍主题的色调可以根据女性的心理特征，选择温柔、妩媚、典雅、时尚的色彩系列；艺术类书籍的色彩则强调刺激、新奇，追求色彩个性及视觉冲击力（图 6-12）；而文艺类书籍的色彩要求具有丰富的内涵，要有深度，切记轻浮、媚俗（图 6-13）；科普类书籍的色彩可强调严肃的科技感和神秘感；专业性较强的教材类书籍的色彩则要端庄、高雅、体现权威感，不宜强调高纯度的色彩对比。当然，时代在变化，设计者应该把握住色彩的流行趋势，善于运用流行的色彩来抓住读者眼球。另外，封面色彩除了受书籍内容和读者的制约外，还受立意、构图、形象等形式因素的制约。

(a)

(b)

图 6-12　艺术类书籍封面色彩刺激、视觉冲击力强

(a)

(b)

图 6-13　文艺类书籍封面色彩富有内涵与深度

（2）利用各种色彩的构成形式，创造独特的视觉效果。

即利用色彩在封面上空间、量、质的可变幻性，按照一定的色彩规律去组合构成要素间的相互关系，创造出新的理想的封面色彩效果。例如使用配色取得封面画面的空间、平衡、强调、节奏、渐变、分割等效果。

封面色彩的最终效果与印刷、材料、工艺、成本都密切相关，所以设计者需要了解各种印刷和工艺的特征，合理利用不同的封面装帧材料的本色和肌理，根据不同的印刷工艺和成本来设计。

4. 构图

法国著名野兽派画家马蒂斯说：“所谓构图，就是把画家所要应用来表现其情感的各种要素，依照装饰的意味而适当地排列起来的艺术。”封面除了设计好图形形象、色彩、文字等元素之外，还要将这些元素置阵布势，在封面上组织成一个富有形式意味的并且协调完整的画面。构图形式可以是垂直的、水平的、倾斜的、曲线的、交叉的、向心的、放射的、三角的、散点的等，归纳起来就是对称和均衡两种。对称的构图让人有庄重、安定之感，如图 6-14 所示。均衡是等量不等形，力求给人带来视觉上的平衡感。均衡的构图能给人生动、新颖之感，如图 6-15 所示，它比完全对称构图产生的效果更为强烈。

图 6-14　书籍封面对称构图示例

图 6-15　书籍封面均衡构图示例

5. 材料与印刷工艺

封面的创意与表现离不开材料与印刷工艺的选择。合理地选用材料与印刷工艺，不仅可以很好地体现书籍的平面视觉效果，而且能增加其他的视觉效果，更能增加其他的触感，提升书籍整体的艺术表现力。图 6-16 所示凹凸压痕工艺示例，图 6-17 所示为烫印工艺示例。

图 6-16　凹凸压痕工艺示例

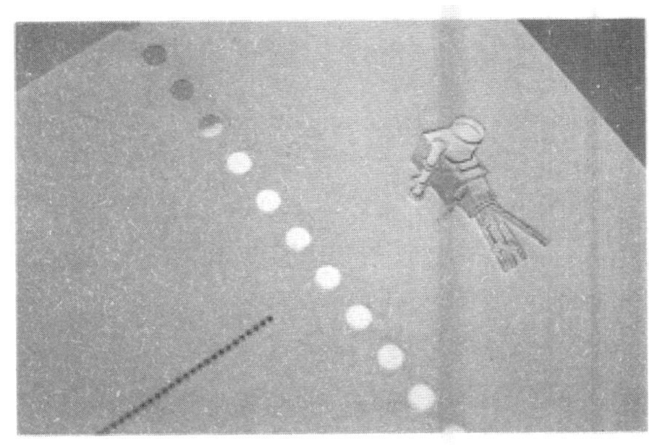

图 6-17　烫印工艺示例

（二）书脊

书脊是包裹书芯的订口，连接书籍封面和封底的部位，也称书背和封背，它是封面的组成部分。在其脊部上通常印有丛书名、书名、作者名及出版社名等，书籍的装帧材料通常与封面的材料是一样的，但也有的书脊与封面、封底运用不同的材料，如，纸面布脊、纸面皮脊等。书脊的设计是封面设计的主要环节之一，它的面积虽然不大，但作用却不容忽视，比如，在书店当书籍被竖着放置在书架上的时候，书脊就成为展示书籍风貌的第二张脸，它不仅能使读者与书店工作人员轻松、快捷地识别或查取所需的读物，而且能够吸引读者的眼球，起到促进图书销售的作用。图 6-18 所示为书脊设计示例。我们设计书脊的时候应该注意以下几点：

(a)

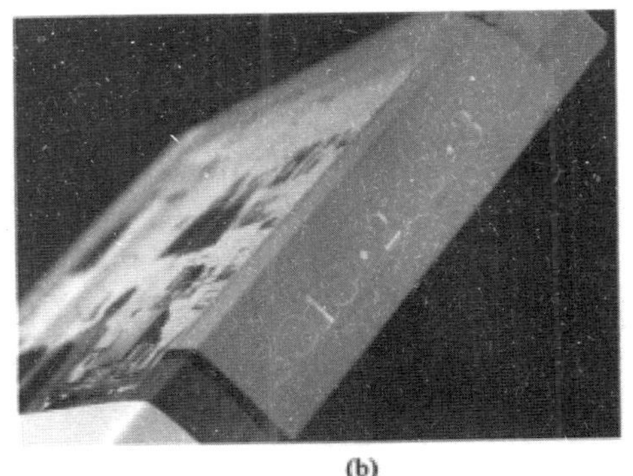

(b)

图 6-18　书脊设计示例

（1）清晰、明确、视觉识别性高。

书脊上的文字要清晰、明确，视觉识别性高，这是书脊装帧设计最基本的要求。书脊上的书名是它重要的信息，所以要醒目突出，通常书脊上书名的字号要比其他文字的字号大，排放在书脊的中上部位，以适应人们的视觉习惯，而其他的信息则要根据这些信息的重要性来决定。中文字一般从上至下排列，若是拉丁字母，则应该根据书脊的情况及阅读习惯来排列。有的书籍信息过长，没有地方安放，则可以不用安放，但是书名和出版社名是不能省略的。

（2）书籍与整体相呼应。

书脊不是孤立存在的，它是封面整体的一部分，其设计应该与封面相呼应，并保持一致的风格。设计时，书脊会重复使用封面的一些元素，可以挑选封面中所用图案的部分形象来加强封面效果，此外还可以与封面、封底自然形成一个整体，有助于书籍整体设计风格的和谐统一。需要提醒的是，书脊设计要考虑它与封面的协调和统一，但是当书陈列在展销架上的时候，书脊又是一个相对独立的展示面，因此，我们设计书脊时既要考虑到整个封面展开的效果，又要观照到书脊的独立展示效果。

（3）系列书保持一致性与连续性原则。

系列书的书脊设计要注意两个方面的问题：一方面要保证系列书籍的一致性，每一本书书脊的共同要素都要与其他分册书脊的风格保持一致；另一方面，设计者要注意系列书籍的连续性，利用排列的顺序，制造出多种视觉趣味，具体方法有在分册的书脊上运用不同的色彩来区分内容，也可以运用有连续性的色彩，如，由一种颜色到另一种颜色的渐变等，或者是将书脊连成一个画面，这样使系列书籍能在整体中显现出变化。

（三）封底

封底是书籍的底面，通常在它的右下角印有书号、定价、图书条形码，有的还印有内容提要和装帧设计者、出版人以及版权页的内容等信息。封底是书籍设计中的重要环节，同时也是很容易被忽视的部分，封底的设计应该注意以下几点：

1. 与封面的统一性和延续性

封面和封底是一个整体，优秀的封底设计可以延伸美感，它们共同承担着表达书籍整体美的任务，所以封底的画面效果应与封面的画面效果统一和谐，它所采用的图形、文字、编排方法不一定与封面完全相同，但应有联系并且与封面相呼应。

2. 注意处理好封底与封面的主次关系，充分发挥封底的作用

从某种意义上来说，封底是一本书结束的标记，它与封面有着各自不同的功能，封面是先声夺人，有时也是张扬的，它需要尽情地展现自己，而封底不在于炫耀，而是隐匿在

书籍整体之美中，所以设计时应把握住这些关系，画面的轻、重、缓、急都应该仔细斟酌，在统一中寻找对比，并要保证在连贯的整体下保持封底独立展示的效果。此外还要充分利用封底版面来宣传图书及出版单位。

（四）勒口

勒口是指书的封面和封底在翻口处再延长若干厘米，向书内折叠的部分，亦称“折口”。通常精装书的护封必须要有勒口，它使护封紧紧依附在封面上。书籍的勒口可宽可窄，它的长度要根据书籍的成本来定，太窄显得简陋，太宽则显得累赘。勒口的主要作用是增加封面的厚度，从而防止封面卷曲，此外，它还可以延伸封面的主题内容，丰富人们的视觉审美。勒口上可以印刷书籍广告、新书目介绍，或是作者简介，以拉近读者与作者的距离，还可以印上书籍的故事梗概或是与内容相关的信息。

（五）腰封

腰封是书籍的可选部件，是环包在书籍护封或封面外的带套封，腰封高 3～5 cm，裹住护封腰部，故得名。腰封多用于精装书的装帧，上面一般印有书的要目、内容简介或作者简介，以此补充封面表现的不足，起到装饰和广告的作用。腰封常选用不同于封面的材质，既可以突出宣传的内容，又丰富了书籍的外观视觉效果。腰封的使用以不影响护封或封面的效果为原则，封面被它遮盖的部分应该尽量避免编排书籍的重要信息。

总之，封面封套的设计必须从整体的角度去观照每个设计部分，以及字体、图形、色彩、编排等因素，只有整体地构想与设计，才有可能创造出良好的封面效果。

二、书函

书函是书籍的各种护装形式，亦称“书套”“书帙”，主要指用于线装书的书匣、书夹以及现代书刊外面的各种包壳。书函本身有较强的装饰作用，其设计应遵循的原则是形式服从功能、统一设计风格、结构形状与其配饰相匹配原则。

（一）书匣

书匣一般用于具有收藏价值的经典著作，它是依据整部书籍的大小厚薄制成的专用箱柜，如图 6-19 所示。书匣的正面设有匣门并刻写上书名。

(a)

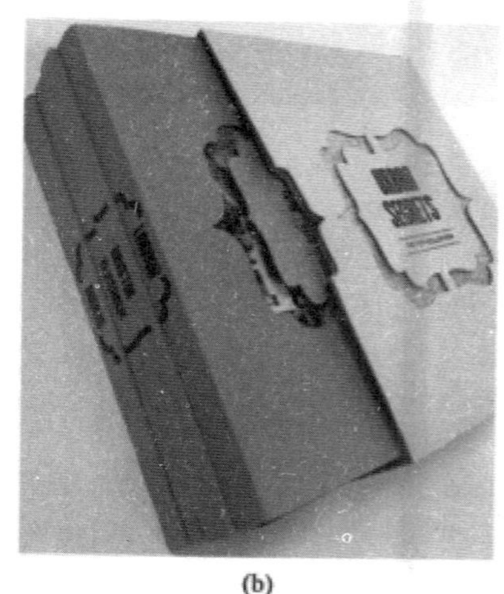

(b)

图 6-19 书匣设计示例

（二）书夹

书夹是在书的上下两面各置一块与开本同样大小的木板，板上穿孔，左右各用两条布带或缎带贯穿其中并加以捆扎，起到用夹板保护书的作用，如图 6-20 所示。

(a)

(b)

图 6-20 书夹设计示例

（三）函套

函套一般用厚纸板做里，外面裱上棉或丝织物，在开启的地方挖成环形或如意形、月牙形，并有扣，如图 6-21 所示。函套还有四合套和六合套，用于包装整部分册的线装书，并于若干函组成一部。

(a)

(b)

图 6-21 函套的设计

以上介绍的多为古代线装书的护装形式，但它们仍然适用于现代书籍装帧设计。设计时应该注意以保护书籍内部为前提，以符合书籍内容和装帧风格为条件，以美观、大方，吸引读者为目标，结合现代的材料和设计表现手法进行创作。

第二节 书籍装帧内部结构的创意与设计

一、零页

书芯是书籍的主题，是承载正文及部分辅文的部分。零页是指在书芯前后，连接封面与书芯的部件，它包含以下几个部分：

（一）环衬的设计

环衬的设计要注意两方面的内容。首先，其图案、材质、色彩的变化要符合书籍的内容、性质与装帧风格。其次，要在统一中寻求差异，可以通过图案的繁简、色相与色度的变化、材料的肌理和光泽等来体现。具体来说，社科类的图书，书籍内容较为严肃、抽象，一般采用颜色淡雅或压有自然肌理的纸张做环衬。而色彩丰富的艺术类图书和画册，则采用具有特殊效果的纸张，例如色彩艳丽的荧光纸、透明度较高的硫酸纸等做环衬。

（二）扉页的设计

扉页设计一般以文字为主，要求简单大方，书名文字要醒目，其他文字的字体、字号得当，位置有序。印刷多用单色，也可适当加上装饰图形和插图，但应以明朗、清晰为主，不宜过于繁杂。扉页是书籍中不可缺少的重要组成部分，它是封面和正文的连接桥梁。扉页设计既要以书籍内容为依据，又要能控制封面与正文的节奏关系。图 6-22 所示为前扉页和后扉页设计示例。

(a) (b)

图 6-22 前扉页和后扉页设计示例

（三）序言页的设计

序言，也称导言、导论、绪言，是写在著作正文前的文字，通常是该书的导读和说明，如创作意图、创作原则、创作过程以及与该书出版有关的事情。序言页一般放在扉页之后目录页之前。

（四）目录页的设计

目录页要求简练、明确。视其具体内容和需要，书籍中的目录可一直编排到章节子目。目录一般由内容所在的页码数字、章节标题和标志二者关系的连接符号组成。目录的设计有着较大的创意空间，在字体、字号的选择以及版式编排上都可以做文章。图 6-23 所示为目录页设计示例。

图 6-23 目录页设计示例

（五）辑封页的设计

辑封页是书籍各部、篇或章节的分隔，能使读者的视线得到停顿，因此设计要求简洁大方、装饰感强，画面效果要与整体的装帧风格相统一，各辑封页之间既要体现出连续性，又要有所变化。可以运用特殊纸张或特殊工艺来提升书籍整体的艺术品位。图 6-24 所示为辑封页设计示例。

图 6-24 辑封页设计示例

（六）版权页的设计

在设计上，版权页的编排一般比较严肃，不宜有太多变化，有时被排放在视觉注意力较低的版面下端，以降低调子，暗示着整本书的阅读即将落下帷幕。

二、其他附件

（一）书签

书签是标志着阅读停止的纸签，也可用一根一端粘在书芯的天头脊上，另一端不加固定的织物带（称为书签带）作为书签。书签的设计应具有明确的主题性和趣味性，以此来提升书籍阅读的审美情趣，深化书籍的艺术美。

（二）藏书票

藏书票是一种专门夹在某些图书中的美术作品小型张，用以纪念某一书刊的出版发行，也可供读者收藏。

第三节 书籍整体创意与设计

一、整体设计的概念

早在中国古代，就有对书籍整体设计的描述：“护铁有道，款式古雅，厚薄得宜，精致端正”。这句十六字的箴言道出了当时的书籍制造者们对书籍整体装帧的关注，书籍的功能、形态以及内文编排形式等都是衡量书籍整体装帧质量的标准。

书籍整体设计是指在设计书籍各个部分之前，要树立整体意识。也就是说，书籍整体设计过程不仅包括封面设计、零页及正文设计、装帧形态结构设计等，还要具备实现形象表述的整体的操作意识。设计师不仅要具备较强的创意设计能力，还要了解一定的印刷设备条件及印刷工人的技术水平，从而清楚地认识和把握书籍在制作过程中所能实现的程度。只有这样才能在具备书籍设计整体意识的过程中实现自我完善和提高，创作出一流的书籍设计艺术品。

整体设计的具体内容涉及书籍的每一个细节，包括书籍开本、封面、书脊、封底、勒口、环衬、扉页、目录页、辑封页、版权页等必备结构部件设计，还有书函、腰封、书签、藏书票等可选部件的设计，内文版式的版心、页眉、页码、标题、插图，以及封面材料、内文用纸、印刷工艺等，书籍整体设计要求如下：

1. 书籍形态的认可性，让读者易于发现书籍的主题。

2. 信息的可视性和可读性。视觉要素要清晰，让读者一目了然，便于读者阅读、检索。

3. 信息传达的整体化与单纯化。全书要有节奏感，层次丰富，将书籍内容与设计有序地展开，并传达给读者。

4. 信息传达的感观刺激，注意利用书的视、听、触、闻、味五感来传达书籍内涵和设计意念。

二、整体设计程序

1. 确立对书的认识，书并不是瞬间静止的凝固物，而是与周围环境息息相关的生命体。

2. 了解内容、突出主题，设计者可通过审读书稿内容，与作者、责任编辑沟通交流来达到这一目的。可以把提炼出来的主题思想设想为一个需要解决的问题，即用何种视觉语言来表达主题，让读者接受并产生共鸣。

3. 收集设计素材。围绕主题，尽可能多地收集相关的绘画、摄影、图形资料。

4. 整体立意与构思。勾画书籍设计的草图方案，把涉及书籍整体视觉表现的各个要素，包括书籍尺寸的大小、封面艺术形象的表现、书籍内容的时间和空间构造等，都用草图的形式表现出来。

5. 设计定稿。在确定书籍整体策划方案后，就要根据草图的创想，在计算机上制作正稿，并对书籍视觉元素做具体设计和修订，如封面图形、文字、色彩的具体设计，版式图文的编排等细节的设计。最后还要按照印刷出版的要求对设计稿进行校对，如尺寸、电子文件格式、出血是否符合要求，文字、线框、图形、标色是否正确，印刷工艺要求是否标注清楚等。

6. 发稿、制版打样后，还须仔细检查校对，及时更正误差，以保证书籍质量。

7. 校样。经设计者、责任编辑或负责人首肯并签署意见后，交印刷厂正式开机印刷。

三、书籍整体形态的设计

（一）开本设计

开本的选择与确定是书籍形态设计的首要内容，它表示书籍幅面的大小。每全张纸开切成多少等分的小张纸，就称为多少开本，一全张纸开切成的纸页数量称为开数。如，一全张纸开切成 16 小张纸就是 16 开，若开切成 32 张就是 32 开。目前我国最常用的纸张幅面规格有 787 mm×1092 mm、889 mm×1194 mm，此外还有 640 mm×960 mm、880 mm×1230 mm 等纸张幅面规格。不同规格的全张纸，多样的开切方法，能裁切出形式丰富的开本，以适应各种书籍的需要（见表 6-1）。

表 6-1　常用纸张开本尺寸（单位：mm）

	全开纸	对开成品	4 开成品	8 开成品	16 开成品	32 开成品
大度	889×1194	860×580	420×580	420×285	210×285	210×140
正度	787×1092	760×520	370×520	370×260	185×260	185×130

1. 纸张开切的方法

（1）几何开切法。

将全张纸按反复等分原则开切。这种方法开出的开数规范合理，能完全利用纸张，对装订工艺的适应性高，能缩短书籍印制周期，但由于开数跳跃大，因此开本形式不够多样，如图 6-25 所示。

图 6-25　几何级数开切法（单位：mm）

（2）直线开切法。

将全张纸横向和纵向均以直线开切。这种开切法开数可选性较多，能完全利用纸张，但在折页和装订上有一定的局限，如图 6-26 所示。

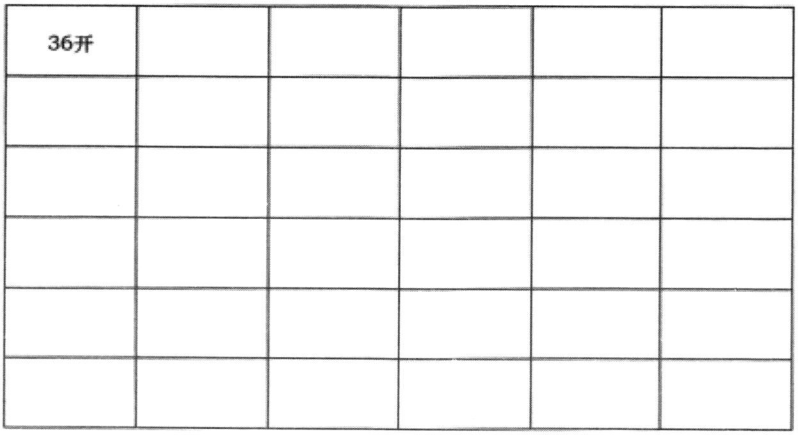

36开

图 6-26　直线开切法

（3）混合开切法。

用纵横的方法混合开切，可根据出版物的不同需要进行开切、组合。这种方法能适应各种特殊开本的需要，但印刷装订会有所不便，如图 6-27 所示。

12开

6开

9开

108开

图 6-27　混合开切法

2. 选择开本时应考虑下列因素

（1）根据书籍内容、用途和门类来选择。以图片欣赏为主的书籍，如，画册、各种作品集等多采用 16 开以上的大型开本或特殊开本（图 6-28）；学术、经典著作以及大型工具书、教材、通俗读物等多采用 16 开或 32 开的中型开本；儿童读物、小型工具书、诗歌、散文等常采用 32 开或 36 开以下的小型开本（图 6-29）。对于资料性、珍藏性较强的书，如，鉴赏类、珍藏本类的图书，需要长期陈列于书架上，多采用大中型开本；而对于需要方便携带的书籍，如，旅游手册、小字典等则可选择小型开本。

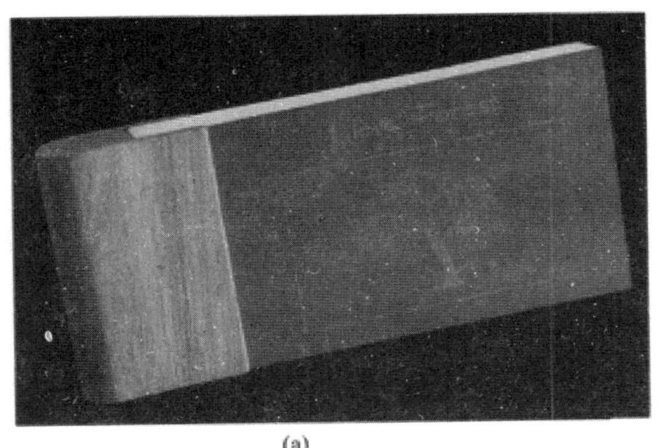

(a)

(b)

图 6-28　设计书籍的开本设计

(a) (b)

图 6-29　儿童读物书籍的开本设计

（2）根据书籍的图文容量来选择。长篇巨著、大型工具书等图文量大的书籍，为了减少书籍的厚度和减轻书籍的重量，方便阅读，可采用大型开本；对于图文量少的书籍则可以选择小型开本。

（3）材料的合理利用。较厚的书籍和发行量较大的书籍一般采用常规开本，这样不仅能够充分利用纸张，而且印刷、装订也方便。

（4）开本形式保持统一。丛书、套书开本形式应保持统一，不能大小不一，期刊也是如此。

（二）切口设计

切口是书籍上白边、下白边、外白边边缘的切割之处。书籍形态是一个由书页组成的具有一定厚度的六面体。封面、书脊、封底占据的三个面是人们视线的重点，而书籍切口形成的三个面，由于受到设计者观念以及经济成本、制作工艺等因素的制约，尚属于设计的“盲区”。随着人们审美需求的不断更新，书籍形态的整体美应该是对书的六面体进行全方位的塑造，切口设计成为整体设计中不可缺少的部分，切口的设计方式有以下几种：

1. 改变切口的形态

切口形态依附于书籍的整体形态，书籍的裁切、装订和折叠形式的变化也能导致切口形态的变化。现代书的切口已不拘泥于特定的形状，可能是规则的，也可能是不规则的，可能在一个平面，也可能不在一个平面。

2. 装帧材料的表达

书页翻动时会带给人们触觉上的感受，故而切口要准确选择与内容相应的纸张，使切口产生非同寻常的表现力，如光滑与毛涩、平整与曲散、松软与紧挺等，不同的质感可体现不同的韵味。

3. 利用切口面组成画面

作为书籍六面体形态的其中三个面，切口也是文字、图形和色彩的载体。把文字、图形、色彩等元素符号由版面流向切口，物尽其用，便能体现信息符号在书籍整体中流动传递的作用及渗透力，从而起到意想不到的效果。

4. 将封面与切口结合

书籍的封面设计、切口设计、书脊设计是一个整体设计工程，但是设计者往往把书籍的封面作为一个独立体来进行设计，这通常是受思维定式的影响，因为传统书籍装帧设计都不会刻意设计书籍的切口。然而，一旦发现书籍封面和切口的关系，就可以根据书的内容将封面和切口联系起来，具体做法有色彩的延续、图形的延续等。

总之，切口的设计需要比较专业的装订和印刷技术来支持，具有一定难度，但是只要我们对书籍进行整体设计时有意识地考虑它，不断地尝试、探索，并做适度设计，相信一定能让书籍整体美发挥得淋漓尽致。图 6-30 所示为切口设计示例。

(a)

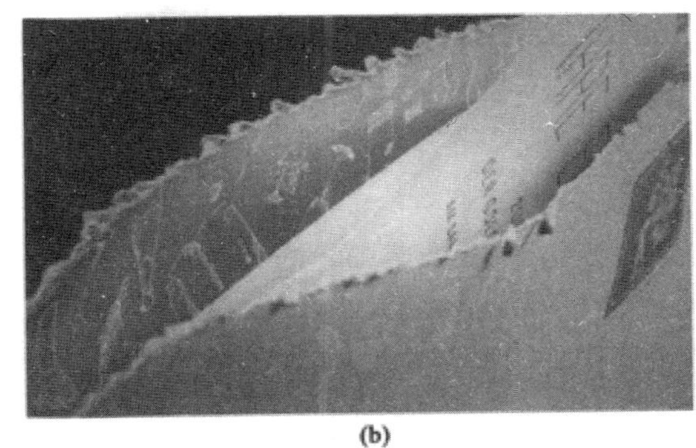
(b)

图 6-30　切口设计示例

（三）结构设计

书籍的各种结构部件是书籍内容展开和演绎的载体。从封面的先声夺人，到环衬的片刻宁静、扉页的低声倾诉，再到各辑封的间歇、版权页的庄严肃静、封底的落幕呼应，这些部件把书稿编织成一曲美妙动人的旋律，有秩序、有节奏地展现给读者。

书籍的结构有必备部件与可选部件之分。前者是书籍必须具备的部件，后者则可以根据书籍的性质和内容、用途等进行灵活的选择。结构设计主要是对书籍各部件进行设计，以及对可选部件的选择与安排，结构设计与创意原则如下。

1. 依据书籍的性质类别、篇幅、用途、读者对象及成本等方面的因素进行选择

例如，函套常用于经典类图书或价值较高的具有特殊意义的书籍，以体现其高贵典雅的神韵，有时还可以增加藏书票，更加强化其纪念意义。护封也是书籍的可选部件，多用于精装本。名家文集、大型工具书、高档艺术画册等常用护封（护封既能保护封面，又能增加书籍的美感），这类书还常设有书签或书签带，以方便读者使用。环衬则多用于精装

与半精装书，且前后环衬配对，以增加书籍的牢固度，当然如果设计需要、成本预算允许，平装本也可使用。广告插页则一般不会出现在端庄严肃的政治理论类书籍中，而常用在青春读物、文化生活类书籍中。

2. 书籍结构的安排是对书稿内容的编辑，要注意其所呈现的整体的节奏感和旋律感

读者阅读的顺序，视线的调度，阅读感受的轻、重、缓、急等都可以通过结构的调整来增加读者的阅读乐趣。具体来说，可以采用一定的间隔重复手法，使书籍呈现出一定规律的虚实和轻重变化，表现手法如下：

（1）将书籍中的象征性图形或标志，从封面到正文的卷页、封底多次有意地重复或带有连续性变化地出现，以形成节奏。书籍版面中的书眉、页码等就起到了这样的作用。

（2）利用色彩来控制节奏。书中的辑封页可以使用不同或具有连续性的色彩或色纸，以体现整体的节奏感。

（3）利用版面的视觉效果来调整书籍节奏。将满版出血的插页按一定间隔插于正文中，使其与正文页造成明暗对比或轻重对比，如图 6-31 所示。

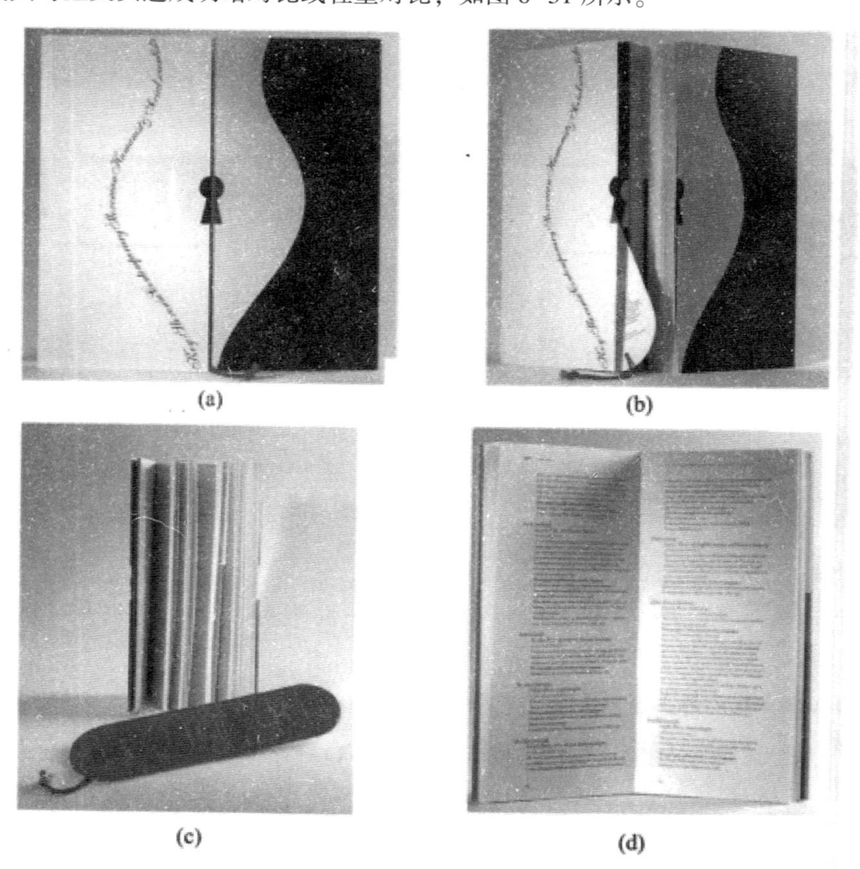

(a) (b) (c) (d)

图 6-31 意大利 Davide Mottes 书籍装帧设计作品

（四）加工成形设计

在确定了书籍的整体结构形式与平面设计方案后，便要完成书的物质形态加工，这是书籍整体设计的重要内容。印刷工艺、材料与装订形式的运用是书籍成形设计的三大要素，它们的完美结合能产生不同的视觉与触觉效果，达到最终形成完整的书籍物化形态的目的，图 6-32 所示为书籍成形所涉及的材料及工艺示例。加工成形设计要考虑以下三方面因素：

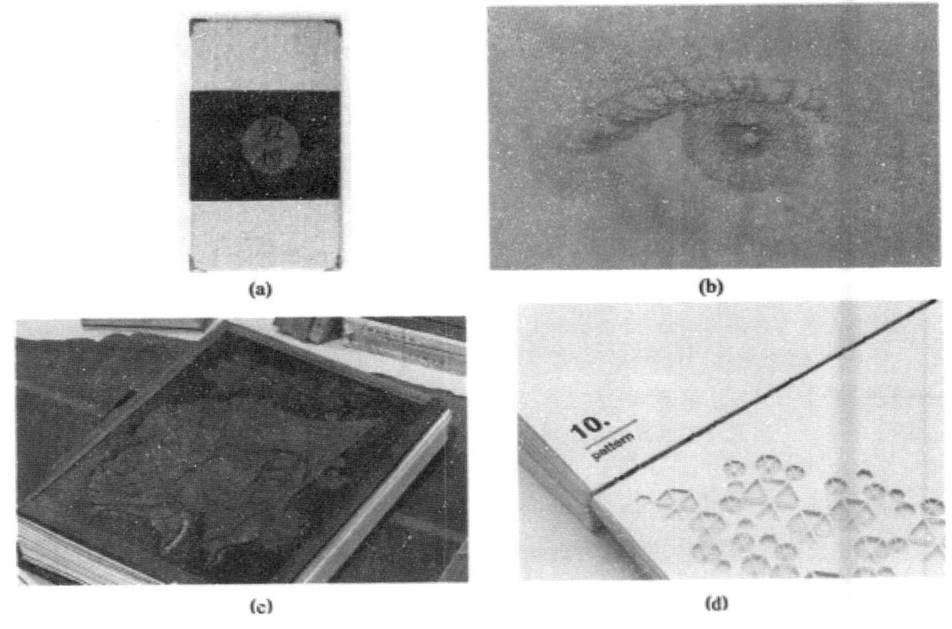

(a)　(b)　(c)　(d)

图 6-32　书籍成形所涉及的材料及工艺示例

1. 书籍内容与市场的需求

书籍印刷工艺、材料的选择要针对不同种类、不同内容的书并结合不同层次读者的需求特点。选用烫金、银箔或凹凸压痕等工艺，并采用与之相适应的富有弹性的装帧材料，能使书籍显得艳丽富贵，满足市场上部分读者的高档次要求，展现一定的增值趋向，成为收藏、欣赏的佳品。面向儿童的书籍对加工技术的选用要考虑儿童的特点，既要耐磨耐污，又要能还原鲜艳的色彩，如图 6-33 所示。

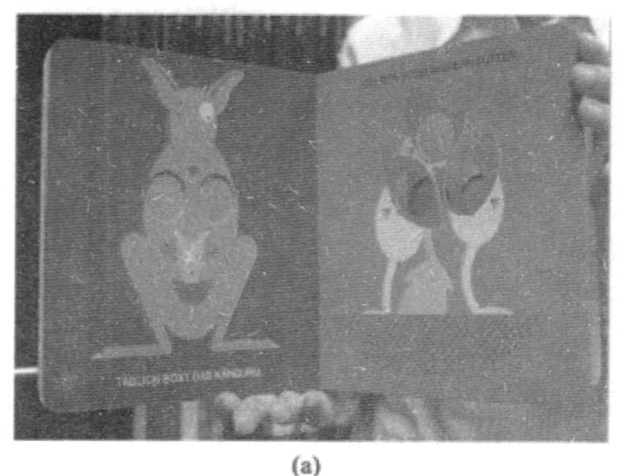

(a)

(b)

图 6-33　儿童书籍的材料运用及工艺示例

2. 材料与加工工艺的属性

选择材料与加工工艺时要根据美术设计方案的特点，考虑加工工艺与材料是否匹配。例如，特种纸张的肌理触觉效果不同于一般纸张，纹理粗的特种纸不宜用于网点细密的图像，容易导致图像失真。织物材料纹理也较粗，加工效果精细度不高，因此会导致图像失真。选用织物材料时设计方案不宜过于复杂，一般采用简约的表现风格，可采用凹凸压痕和烫印工艺等。总之，只有熟悉现代各种书籍材料与加工工艺的性能、规格与属性，有针对性地选择材料和工艺，才能充分发挥物质材料和工艺技术的潜力。图 6-34 所示为书籍装帧设计选用的材料及工艺示例。

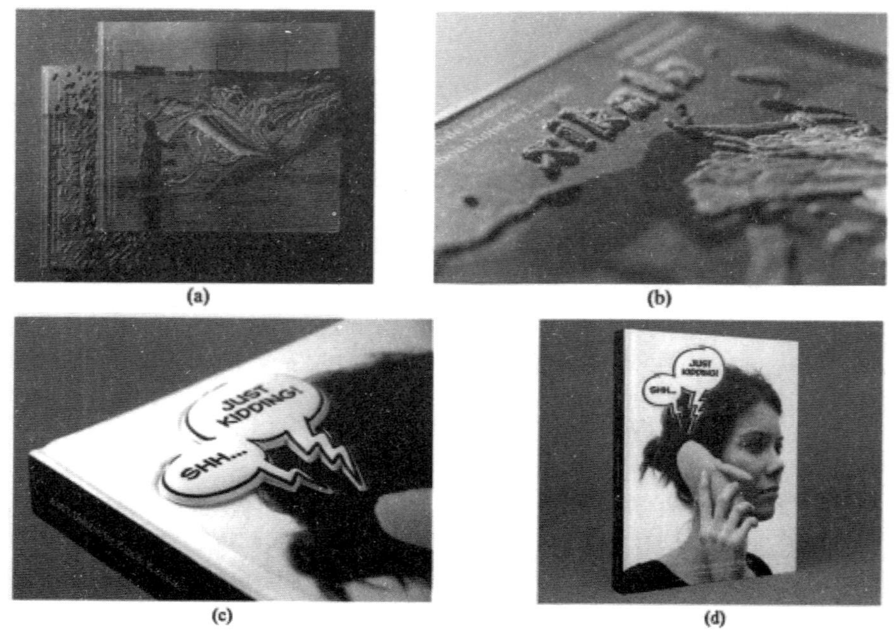

(a)　(b)　(c)　(d)

(e)

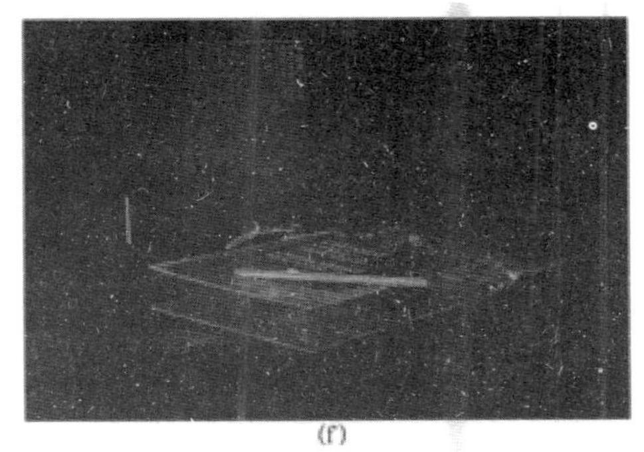
(f)

图 6-34　书籍装帧设计选用的材料及工艺示例

3. 生产成本

特种印刷工艺的价格一般较高，会增加书籍的生产成本，因此设计方案时对特种材料和工艺的选择适度、运用得当，不仅能提升书的质量品位，增强市场竞争力，还能有效控制书籍的定价。过度使用，不仅会增加成本、造成浪费，而且会减弱书籍的美感。

四、插图设计

插图从广义上讲是指一切结合文字内容的附图，主要用于直观解释文字内容，穿插于文字之中。图 6-35 所示为插图的原始形式，图 6-36 所示为插图的早期形式。

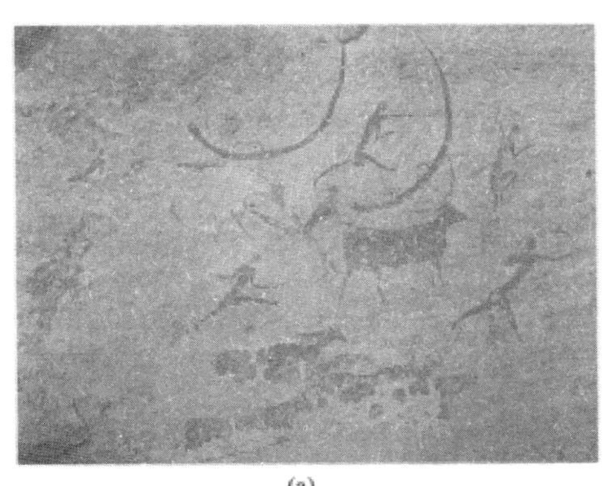
(a)

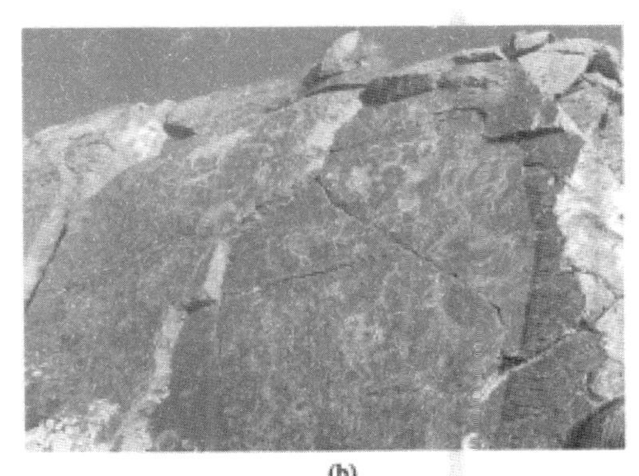
(b)

图 6-35　插图的原始形式

(a)

(b)

图 6-36 插图的早期形式

我国的插图有着悠久的历史。清代的叶德辉在《书林清话》中云："吾谓古人以图书并称，凡书必有图。"张守义和刘丰杰在《插图艺术欣赏》中对插图做了新的诠释："书籍的基础是文字，文字是一种信息载体，书籍则是文字的载体，它们共同记录着人类文明的成果，从而传递知识和信息。书籍插图及其他绘画也是一种信息载体，在科学意义上它和文字一样，都是以光信号的形态作用于知觉和思维，从而产生信息效应的。"

鲁迅的《"连环画"辩护》曾对书籍插图作了这样的论述："书籍的插图，原意是在装饰书籍，增加读者的兴趣，但那力量，能补足文字之所不及，所以也是一种宣传画。"图 6-37 所示为具有宣传效果的插画示例。

(a)

(b)

图 6-37 具有宣传效应的插画示例

就插图在书籍中的作用而言，我们可以将其分为两大类。一类是知识性插图，这类插图主要是针对内容中的文字做出一种图形化的注释，这类插图要能准确地诠释书籍中的内容和概念，力求以最切实际的图形语言来说明问题。这类插图对艺术性的要求相对较弱，强调客观性和精确性，使读者能更直观地理解知识，达到文字描述所不能达到的效果。由此可见知识性插图主要是用于一些科技性书籍，或者是历史、地理方面的书籍。而另一类则是艺术性插图，这类插图重在增加书籍的趣味性和审美性。其特点是在表现形式上有很广泛的选择范围，设计者可以根据书籍的内容和意境选择不同类型的插图形式，主要给读者带来美的享受，因此这一类插图具备更广阔的应用空间。

插图的表现技法有很多种，运用不同的颜料、材料、工具和技法会得到不同艺术效果的插图，就会带给人们不同的视觉感受。下面简单地介绍几种颜料、材料、工具和技法在绘制插图中表现出的效果。

（一）铅笔、钢笔、炭笔

铅笔和钢笔是最普通、最容易掌握的绘画工具，主要用来表现一种明暗对比的黑白插图。铅笔还包括彩色铅笔，彩色铅笔又分为水溶性彩色铅笔和非水溶性彩色铅笔两种，其颜色非常丰富，而且色彩比较艳丽，多用彩色铅笔绘制色彩丰富细腻的插图，如图 6-38 所示。炭笔也称炭精棒，具有铅笔的表现特征，多用炭笔绘制画面粗犷大气的插图。

(a)　(b)　(c)　(d)

图 6-38　铅笔极彩色铅笔表现的插图

（二）蜡笔、油画棒

因其材质本身的特性，蜡笔及油画棒所绘制的图画具有粗犷、质朴、童趣的效果。由于其笔触较粗糙，不适合表现过于细腻的画面。图 6-39 所示为用蜡笔及油画棒绘制的插画。

图 6-39　蜡笔及油画棒表现的插画

（三）水粉、水彩、记号笔

图 6-40 所示为用水粉及丙烯绘制的插画。图 6-41 所示为记号笔插画。

(a)

(b)

图 6-40　用水粉及丙烯绘制的插画

图 6-41 记号笔插画

（四）国画

书籍封面以传统国画精品为插图，主题与文字相得益彰，神韵流动，气场强大，能够进一步开阔和生发文字所传达的意义。图 6-42 所示为书籍国画插画。

(a)

(b)

图 6-42 书籍国画插画

（五）版画

图 6-43 所示为版画表现的插画。

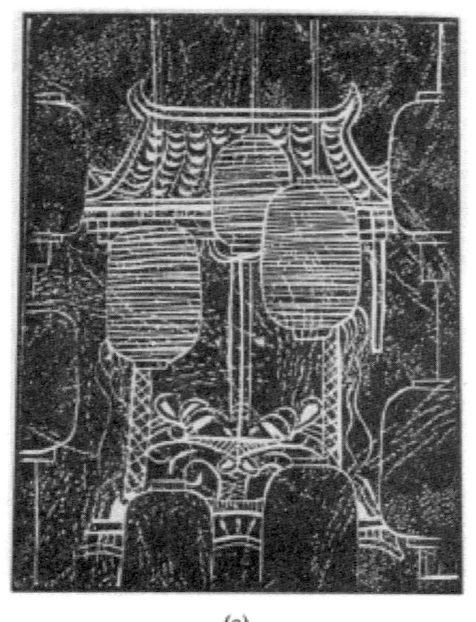
(a)

(b)

图 6-43　版画表现的插画

（六）电脑绘图

图 6-44 所示为使用计算机软件制作的插画。

图 6-44　电脑处理的插画

第四节 概念书籍的创意与设计

近年来，我国书籍装帧事业已经进入了一个全新的境界。随着科技的发展，人们生活方式的改变和生活质量的提高，已不再满足旧有的书籍装帧样式、形式表现和传统的阅读习惯、携带书籍方式等，对书籍的审美和功能也有了全新的需求，人们渴望看到那些具有创新理念、符合时代精神、有新突破的书籍装帧设计成果。这不得不促使书籍装帧设计者对未来概念性书籍的设计做出新的思考和新的探索，对于书籍装帧设计现状做出相应的改变和突破，从而重塑新形态的书籍。

一、何谓概念书籍

“概念”是反映对象本质属性的思维方式。概念产生于一般规律并以崭新的思维和表现形态体现对象的本质内涵。

概念书籍是基于传统书理念所做的一种探索，它是一种个性化、无定向的创造活动。它的形态不一定是现代流行的纸质书籍，阅读方式不只是简单的看和读，可能还有听、摸、闻、吃，甚至是其他意想不到的感受方式，还可以带给人们各种各样的功能体验。

概念书既然称为概念，就是要有非传统意义上的书籍形式，不被中规中矩的书籍形式、结构抑制了想象力，放飞思维，寻求设计上的差异化，是对传统书籍的形式，如文字、图形、色彩、材质、结构、开本、视觉流程、体量等的继承和创新，是对传统书籍功能的延伸和创造。“书是人类进步的阶梯”，现在这个阶梯变得有趣起来，甚至我们在上面可以玩起游戏来。

二、概念书籍的创意与表现

概念书籍已成为当今书籍装帧界探索的目标之一，概念书籍的设计远远超过人们对书籍的理解和想象，它在阅读方式、携带方式、材料运用与形态塑造上都有着新的探索和新的尝试，它突破原先传统图书的观念而进行大胆创新。

（一）概念书籍新材料

应用于传统书籍装帧的材料大多是相对标准化的各种纸张。人们会被其油墨气味和沙沙作响的声音唤起记忆。但在 21 世纪的今天，人们已不满足这种单一书籍装帧用材了，概念书籍的材料选择十分丰富。它既可以是生产加工的原材料，如金属、石块、木材、皮革、塑料、纸、蜡、玻璃、天然纤维和化学纤维等，也可以是工业生产加工后的成品，如各种印刷品、照片的底片、衣服及各种生活用品等。材料的选择从书籍的内容和思想出发，它是读者与书籍交流的媒介，人们通过触摸、观看引起心理、经验、思维和情感的某种共鸣，多维地体验书籍的内涵。材料的触觉特性本身具有轻与重、软与硬、粗与细、干与湿、有光泽与无光泽、透明与不透明、有纹理与无纹理、冷与暖、疏与密、韧与脆等品格与状态。基于人们的生活经验，我们对粗犷、柔软、温暖的材料有亲近感，心理接受程度高，而对冰冷、刚硬、厚重的人造材料有距离感，例如棉麻布的质感会比丝绸的质感温暖得多，而丝绸又会带给人更精致、柔和的心理感受，利用材料的这些属性来打造书籍的独特气质，让书籍更具有个性的表达。如《黑白猫》的设计，黑猫、白猫，能获取读者喜爱的便是好猫，该作品利用了古代卷轴装对儿童书进行了创新。黑白两色巧妙的搭配很好地区分了书籍的内容。该书籍为纯手工制作，彰显了创作者对材质的理解和巧妙的应用，书籍用形象的外衣进行包裹，深受读者喜爱。图 6-45 和图 6-46 所示为《黑白猫》及万圣节概念书的设计示例。

图 6-45 《黑白猫》布艺书

图 6-46 万圣节概念书设计

（二）概念书籍新造型

概念书籍不受条条框框的制约，在创意上注重纯艺术的探索，这些作品创意大胆，给我们的学习带来很多启示。许多新颖的书籍虽然无法成批发行出版，但这不影响我们对书籍的造型的探索。概念书籍的形态是没有定式的，它可以突破六面体的传统形式，创造出令人耳目一新、独具个性的新形态书籍，如图 6-47、图 6-48 所示。

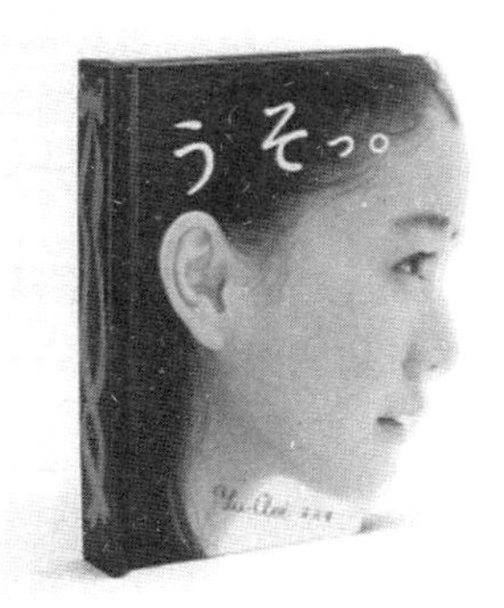

图 6-47　平野笃史的异形书籍设计作品

图 6-48　Rachael Ashe 纸艺折叠作品

1. 可改变书籍的外轮廓线条。如对书籍的外轮廓线条作曲线、弧线、异形线的有序或无序的、渐变或突变的线条变化。

2. 可在书籍形态内部将某些部位进行各种空缺的处理。

3. 可将书籍形态的表面局部作凹凸起伏的变化，如图 6-49 所示。

图 6-49　有凹凸起伏的变化内页形态设计

4. 模仿自然物的外形或局部造型，使其变化后显现出趣味性和象征性。

5. 运用各种材料在书籍上做肌理效果，使其在视觉上和触觉上形成新的审美感受。

6. 将书籍的形态做异化的处理，使其形态产生膨胀、萎缩、扭曲与力的牵伸等变化，或将书籍的形态打散重新组合处理，赋予书籍灵活多变的个性特征。

（三）概念书籍新观念

概念书籍的形式是多样的，有时是对书籍结构、材质等方面的创新，有时只是以书籍为原型进行的视觉创作。这些创作者可能是书籍设计师，也可能是跨行业的艺术家或普通的艺术爱好者。他们在书籍这一特殊的载体中融入独立的思考与创作，衍生出一些跨界的设计作品和观念。不同于传统的书籍设计作品，在这些创作中，作者的某种观念是他们表达的重点，书籍的阅读功能也许被弱化，甚至有很多书籍是“不可读”的。在这样的作品中，天马行空的形态创意看起来没有太多的实用价值，而正因为它们脱离了书籍本身功能性的制约，这些创新才更为新颖，而这些新的观念，对现代书籍的设计也有一定程度上的启示意义，如图 6-50 所示。

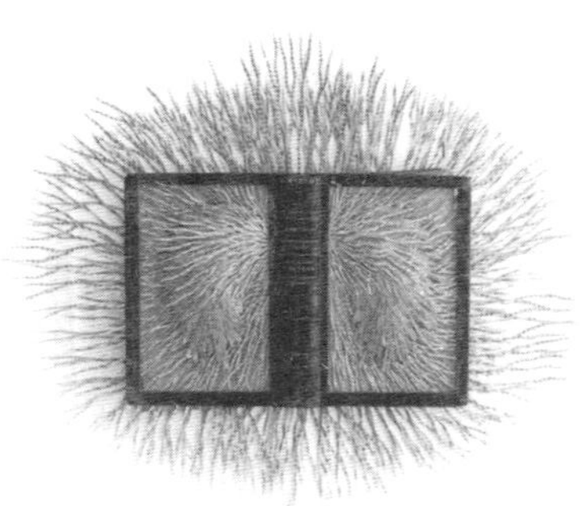

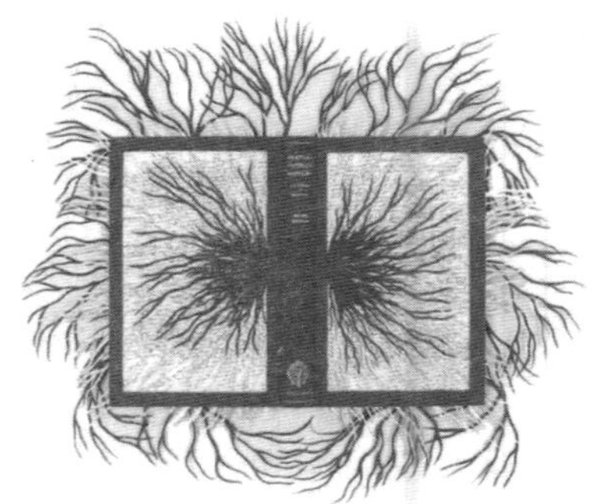

图 6-50　书的神经系统概念书设计

三、概念书籍的国内外发展现状

在我国，概念书还处于一个发展的起步阶段，概念书受到技术、成本等条件的制约，虽不适用于大量发行与制作，但它的探索性、前瞻性、实验性都具有很大的价值。在国外，已经有一些作品跳出了传统书籍的模式，以独特的设计技巧来重塑书籍信息的整合思路，用创造性的书籍表达语言来传达文字作者的思想内涵并体现着非常强烈的个性。

作为书籍形态形式的思考，概念书挑战的是阅读习惯与行为，利用设计技巧让书籍内容与艺术观念产生碰撞。它是设计师在这一领域里思考与进步的表现。

《走，出去玩》概念书（图6-51）用了一个很口语化的表达，奠定了这本书轻松的基调。我们看到这本书的整体装帧效果，首先使用的是手工线装的手法，并且在书脊的部分，特意留出了部分红线，为这本书增加手工感，显得十分别致。在整体的结构处理上，这本书把书籍分为几个部分来进行设计，每个部分独立成册，大小尺寸皆不相同，通过书籍标题“走，出去玩”把几个部分又串联起来，从观感、触感上拉开层次，颇有创意。在纸张的选择上看得出也是颇费了一番脑筋，包括硫酸纸、亚光的特种纸的使用。

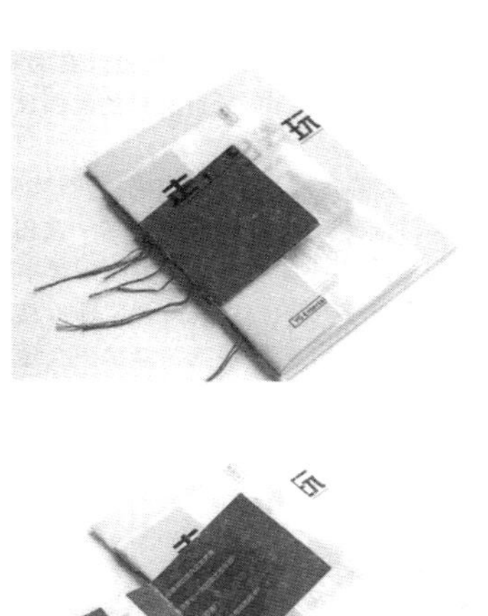

图 6-51 《走，出去玩》概念书

在内容的编排上，条理清晰而富有独特的图形语言，把图片与几何图形元素结合运用，使画面既有变化，又不会显得过于单调，可读性强。文字的编排方式运用合理，调整大小、色彩、粗细等细节，使版面依照文字的级别而形成自然的视觉秩序，引导视觉流程。这些文字编排的大小变化，也调控了书籍版面的风格，在版面中形成“点、线、面”。

在整本书的风格和元素的运用上，作者也较好地把握了“同中有异，异中求同”的原则，整体性非常强，整本书翻阅下来风格非常统一。色彩的运用，往往超越了图形与文字，是人们对事物的第一反应。在书籍设计中，色彩也是书籍具有强烈识别特征的视觉要素，作者从封面、标题、小的图形元素中，运用简单的黑白色穿插小面积的红色作为主题色，很好地延续了整体设计的色调，给人们留下了强烈的第一印象。

“故事的片段”这一系列作品（图 6-52）体现了设计师对阅读行为的挑战与书籍内容的重新演绎。“如果必须把一本书提炼为一幅景象，它会是什么?”带着这样的一个想法，东京的艺术家和设计师智子武田（ Tomoko Takeda）完成了这一系列文学名著到视觉艺术的作品。在这一系列作品中，每个设计都关联到故事本身的内容，在形式上把这些著名的小说变成与艺术相关的视觉作品，“读书还不如‘看书’来得有趣”，通过精心剪裁和折叠书页，将书中的故事用立体的书雕展现，复杂而富有层次感。Takeda 创造了“看而不读的书”，给读者留下了更多的思考。

图 6-52　Tomoko Takeda 的纸雕书作品

凤凰品牌纪念立体书（图 6-53），以立体书这一较为精细的工艺品方式展示其文化性与特质性，以创新的表达方式强化了这一品牌新的目标，即开拓年轻、时尚的消费群体。利用不同的机关和动作与表达的内容进行巧妙结合，是立体视觉与平面视觉的相互转换。在整本书的陈述内容中规划好前奏、高潮和结尾，将立体变化的复杂度与新颖度进行相应匹配，让观者有很好的阅读体验及对内容的全面理解。

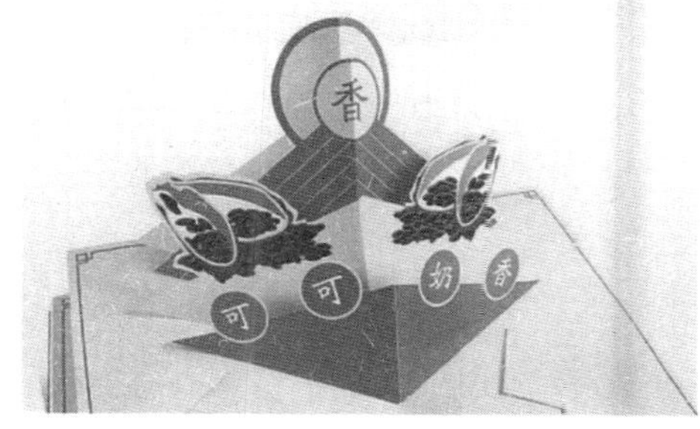

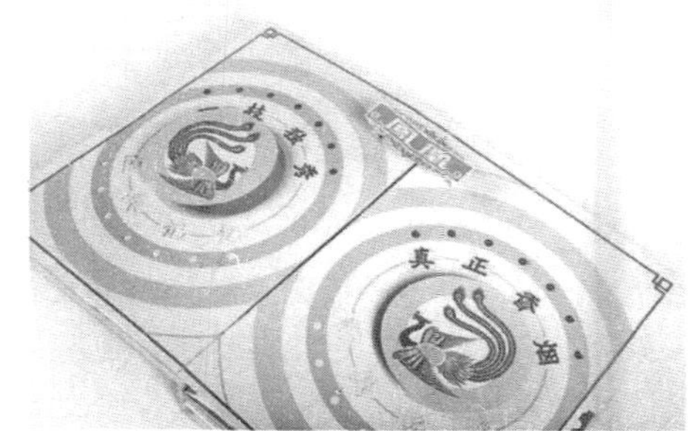

图 6-53　凤凰品牌纪念立体书 Phoenix Pop-up Book

第七章 书籍的创意编排

第一节 书籍创意编排设计概述

书籍的创意编排设计是指在既定开本的基础上，对书籍原稿的结构、层次、插图等方面做艺术、合理的处理，使书籍各个部分协调、舒适、美观、便于阅读的创作过程。

一、书籍创意编排设计的范畴

书籍创意编排设计包括版心、上白边、下白边和内、外白边的设计。版心也俗称版口，是指书籍翻开后两页成对的双页上被印刷的面积。版心的四周都留有空白，版心上面的空白叫上白边，也叫天头；下面的空白叫下白边，也叫地脚；靠近书口的空白叫外白边，靠近订口的空白叫内白边。白边有便于阅读、稳定视线的作用。

版心的设计取决于所选书籍的开本、书籍的性质，另外还要求方便阅读和节约纸张。四周的边框留得过大，版心就相对缩小，字容量也就减少；四周边框留得过少，会显得局促和小气，有损美观的同时也容易造成装订事故。

一般来说，理论书籍的白边可留得大些，便于批注与阅读。科技书籍出版量小，成本高，白边相对留得小一些。字典、资料性的小册子要尽量利用纸张，白边也要留少一些，但最少也应有 10 mm。其他种类的书籍可根据内容和作者意图来设计版心。书籍设计中的版心与页边示例如图 7-1 所示。

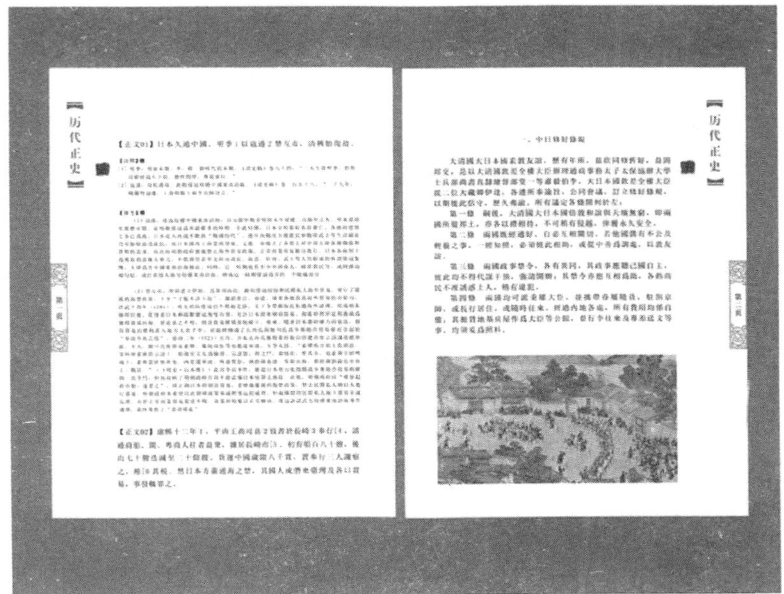

图 7-1 书籍设计中的版心与页边示例

二、书籍创意编排设计的作用

（一）为了方便读者了解情况的阅读

很多书籍有时不是用来反复阅读的，而只需了解某一情况的阅读，即从中获得一些信息，而不是仔细读。如技术方面的书籍，内容较多，所以版式设计要求富于变化，多数情况下被设计成两栏或多栏，字行较短，标题清楚醒目，人们可以小块地阅读，这也是版式设计的一种形式。此外，像字典、词典之类的工具书多采用这种版式设计的形式。

（二）为了方便读者有区别的阅读

在文字的排列中有多种方法可以使文字醒目，每一种方法都有不同的意图，哪一种方法都不能说是最好的，只能是具体情况具体分析。这种有区别的阅读方式的版式设计多用于科学书籍、图书目录、历史修订版本、自然科学书籍等，在每个不同的专业中对于不同的概念和文字的层次又有不同的区别规定和习惯，版式设计中就要考虑到专业的不同情况，阅读这种书籍的人群一般是从事相关职业的读者。

（三）为了方便读者可咨询的阅读

对于可咨询阅读的书籍首先要一目了然，比如词语、指示参看的数码等，必须很快就能找到，找到词语、数码的同时，往往也开始了内容的阅读。例如，旅游手册、剧院演出节目手册等。

（四）为了方便读者有选择的阅读

这种有选择的阅读，一般是教科书的阅读方法。教科书的文字部分，例如，举例、提问、习题、表格说明等，必须有所“选择”，确切地说不是按常规秩序，而是根据版式设计使用较强的编排材料，各种各样的字体、字体的大小和粗细、各种色彩、彩色底纹、线等，利用这一切组成活跃的版式，让阅读者不觉得乏味，在版式设计中属于比较难的设计。

（五）为了方便读者休闲式的阅读

这种阅读通常是在有一点空闲时间时的阅读方式。比如采用漫画的形式或漫画插图的形式，现在很多书籍都采用这种方式编排，让读者在繁忙的工作中获得知识，并享受幽默漫画带来的乐趣。这种版式设计要求根据书籍的阅读人群来考虑插图与文字的面积比例关系。这类书籍一般是以一种黑白方式出现的，当然也有彩色漫画书的优秀例子。

三、书籍的版式设计

书籍的版式是通过对文字的排列、字体的选择、图像的编排来统一设计的。设计者的任务就是通过设计给予读者一种完美的视觉享受和精神愉悦。其目的是使书籍的内容章节分明，层次清楚，并富有美感。书籍的版式设计是书籍设计中比较重要的组成部分。

书籍的封面是版式设计的核心部分，它直接体现书籍的主题精神。但是，书籍内页的版式设计也是不容忽视的。

这里讲解一下比较特殊的书籍形式。

（一）杂志的版式设计

杂志与其他书籍相比较，出版速度快，传递速度快，周期短。杂志的开本一般为大 16 开、16 开、24 开、32 开等，一般采用平装封面。

内容方面包括时尚、设计、绘画、音乐、文学、摄影、体育、时事、电脑、经济、妇女、家庭、保健，以及各个领域的学术期刊等。

周期方面有季刊、双月刊、月刊、半月刊、周刊。

杂志的内容通常较多较杂，每篇文章可以是各不相干的，这样就给设计者带来了施展设计才能的机会，可以运用不同的装饰手法去设计每一篇文章。但是要注意的是：栏、行的划分要统一在一种风咯中，以便读者阅读起来方便、顺畅，让杂志有整体的风格。

（二）画册、摄影集的版式设计

画册、摄影集与杂志和一般书籍比较起来更具有收藏价值，版式设计方面应该更精美。

以上两种版式在设计过程中要考虑到：

1. 设计封面时，要考虑到封底、书脊、勒口、内页中的图形。

2. 左右两页要同时设计，因为读者在翻阅时，左右两页会形成一个视觉空间，所以可以打破中缝的界限，使两页版面变成一页来设计。

3. 页码和小标题可以当成图形来处理。杂志、画册与摄影集版式编排设计案例如图7-2所示。

(a)

(b)

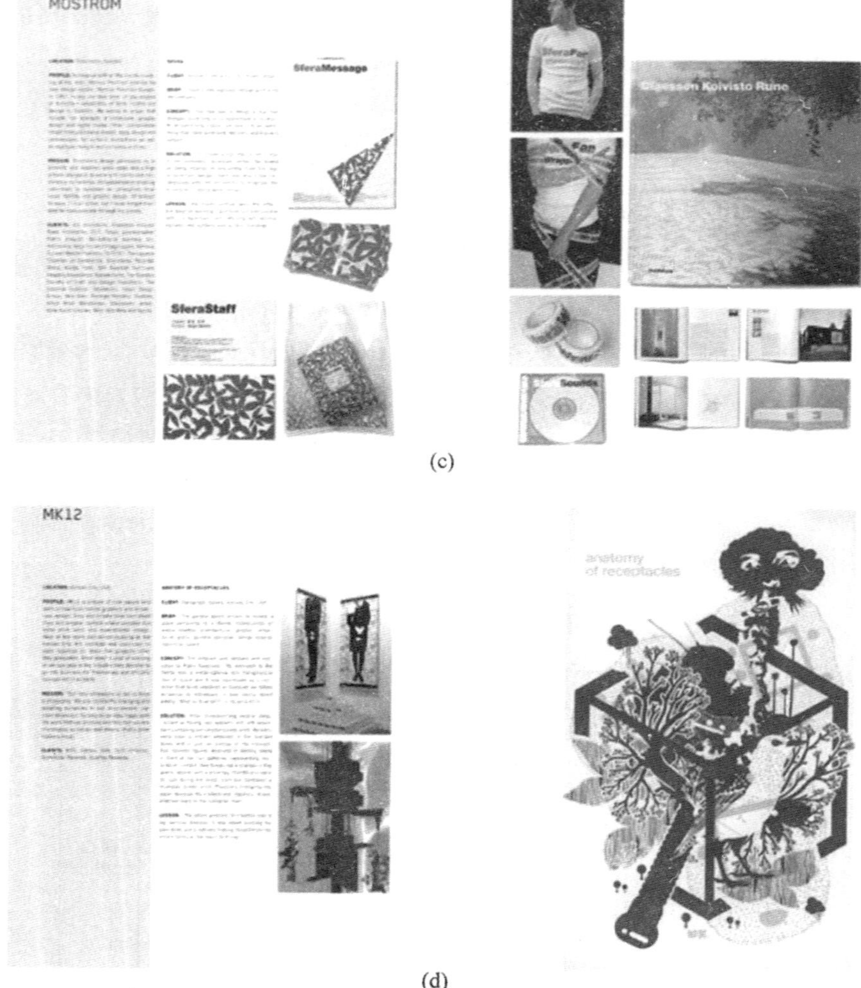

(c)

(d)

图 7-2 杂志、画册与摄影集版式编排设计案例

四、书籍创意编排设计的定位

书籍、杂志、画册是商品流通领域中的一部分，现在的书市竞争很激烈，各个出版社为了适应市场，都推出了有特色的产品。书籍设计定位已经成为书籍销售的重点。

书籍的版式设计的定位，是针对读者（特定的消费者）而设定的，它与其他的商品有以下不同之处：

1. 有广告性又有书卷气。

2. 有强烈的视觉效果又有与书籍内容相符合的形式和精神。

3. 能捧在手上细细品味。

4. 读者的定位与消费者的定位有所不同。

第二节 版面编排的构成要素

书籍的页面版式设计合理，能减轻读者的阅读压力，提高书籍的可读性和趣味性，是构成书籍风格的基本要素。书籍的版面设计主要是在既定的版面上，在书籍内容的体裁、结构、层次、插图等方面，经过合理的处理，使书籍的开本、封面、装订形式取得协调，令读者阅读起来清晰流畅，在版面中营造一种温馨的阅读气氛。版式设计的好坏直接影响到读者的兴趣，它是书籍设计的重要内容之一。

版式设计涉及的内容主要包括版心的大小、文字排列的顺序、字体、字号、字距、行距、段距、版面的布局和装饰。

一、构成版面基调的版心设计

版面上容纳文字及图画的部分称为版心。版心在版面上的比例、大小及位置，与书的阅读效果和版式的美感有着密切关系。

版心与四周边口按比例构成，一般是地脚大于天头，切口大于订口。偏小的版心，容纳字的数量较少，页数随之增加。偏大的版心四周空间小，损害版面美感，影响阅读速度，容易使读者阅读起来有局促感。

19 世纪末 20 世纪初，欧洲装帧艺术家约翰·契肖特对中世纪《圣经》做了大量研究，认为比例 2：3 是版心最美的比例。版心的高度等于开本的宽度，且四边空白左、上、右、下的比例为 2：3：4：6 最为适合，如图 7-3 所示。从版面整体效果来看，留出四周足够的空白，易引起读者对版心文字部分的注视，同时也给读者带来愉悦的阅读感觉。

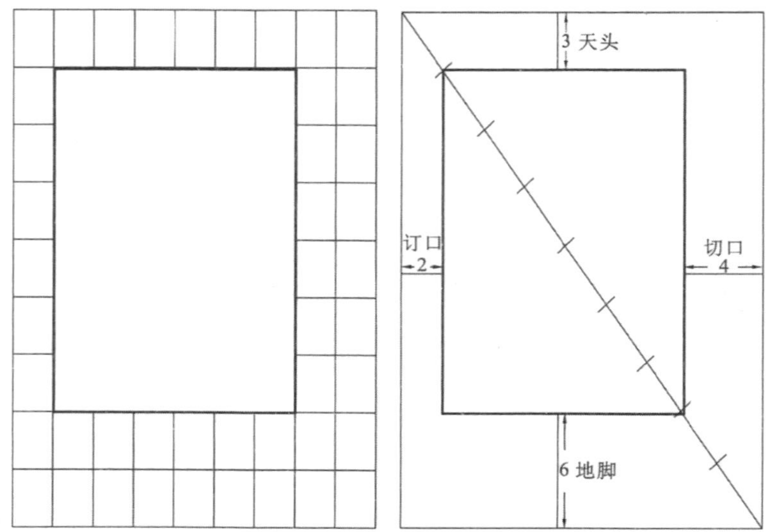

图 7-3 版心的设计案例

二、构成版面设计的编排方式

编排方式是指版心正文中字与行的排列方式。中国传统古籍书的编排方式都是竖排式。这种方式的文字是自上而下竖排，由右至左，页面天头大，地脚小，版面装饰有象鼻、鱼尾、黑口，它们与方形文字相呼应，使整个版式设计充满东方文化的神韵与温文尔雅的书卷味，如图 7-4 和图 7-5 所示。

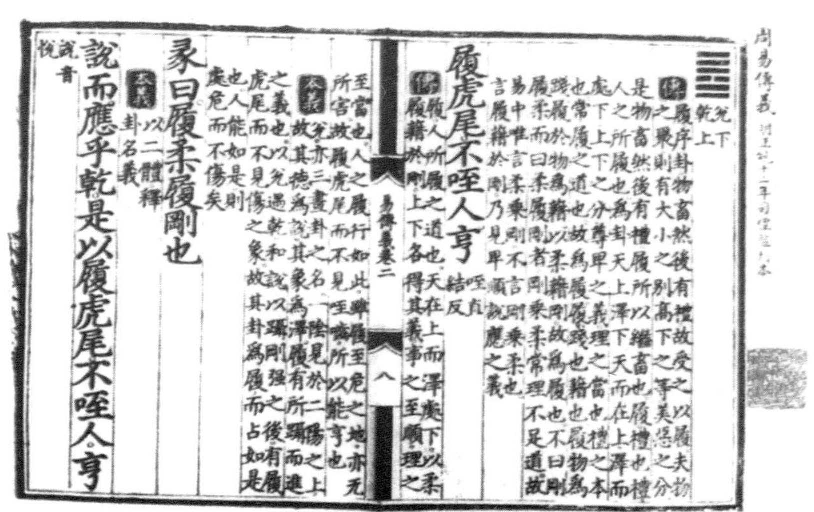

图 7-4 中国传统古籍书的版式编排

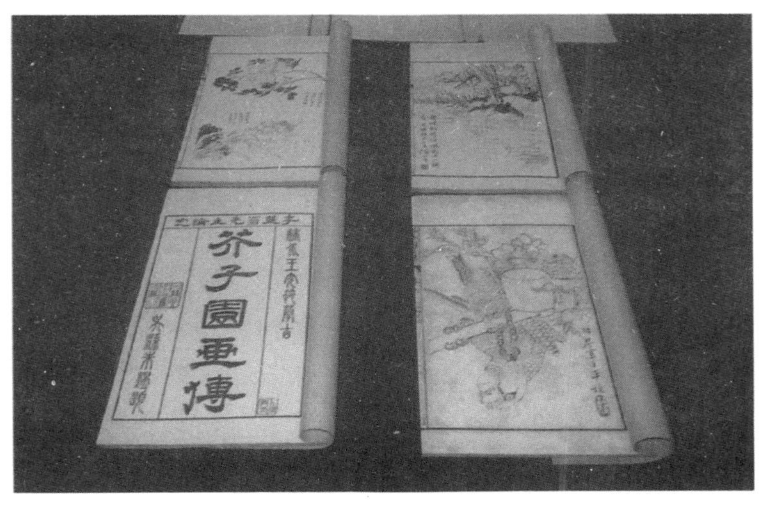

图 7-5　中国古籍图书版式编排

西方书籍版式设计则注重数学的理性思维与版式设计的规范化，文字采用由左至右的横排。随着西方近代印刷术的传入，我国书籍的排版方式也渐渐由竖排转变为横排。由于文字的横排更适应眼睛的生理机能，同时横排由左至右，与汉字笔画方向一致，更符合阅读规律，因而现代图书版面编排除少数古籍图书之外，都采用横排方式。

三、构成版面设计的分栏与行宽

据研究，人视觉的最佳行宽为 8~10 cm，行宽最大限度为 12. 6 cm，如果行宽超过这个宽度，则读者阅读的效率就会降低。为了保护视力，大开本图书不宜排成通栏，宜排成双栏。版式设计可根据实际情况发挥创造，使版面不仅适宜阅读，并且美观、新颖，如图 7-6 所示。

(a)

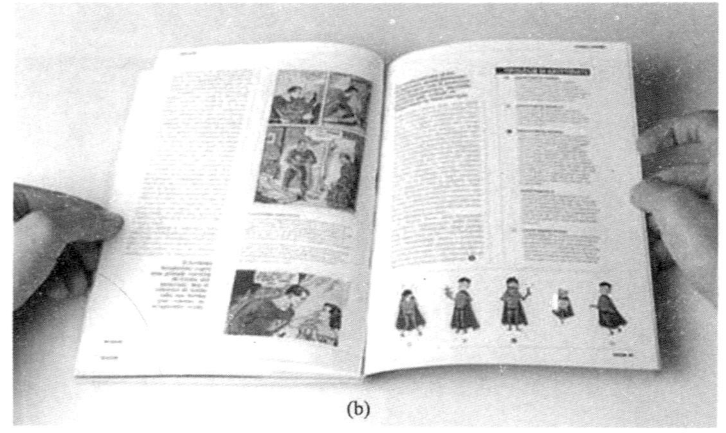

(b)

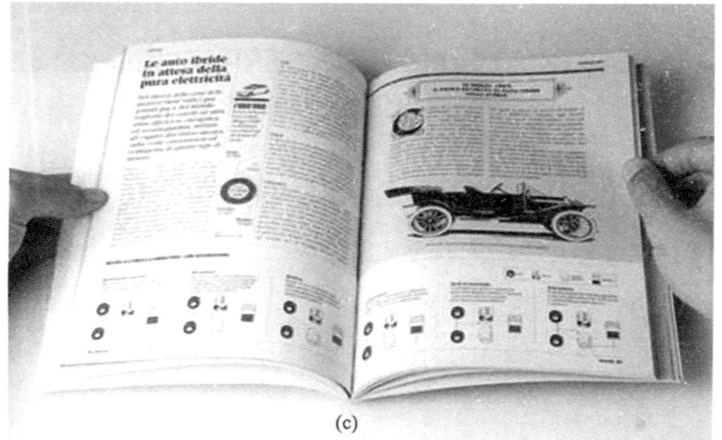

(c)

(d)

图 7-6　书籍版式编排中的分栏处理

四、版面构成中的字号、字距及行距

版面构成中，字号、字距及行距的宽窄设定应认真对待，它能直接影响到阅读效率。书籍文字靠字间行距的宽窄处理来提高读者阅读的兴趣并产生空间指引，应避免由于行距过窄、文字过密而使阅读产生串行现象。为了不影响视觉阅读效率，通常行距不小于字高的 2/3，字间距离不得小于字宽的 1/4。

文字的行距、字距编排案例如图 7-7 所示。

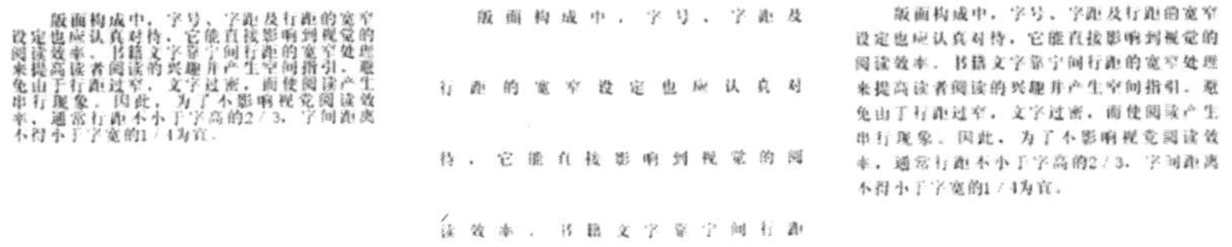

版面构成中，字号、字距及行距的宽窄设定也应认真对待，它能直接影响到视觉的阅读效率。书籍文字靠字间行距的宽窄处理来提高读者阅读的兴趣并产生空间指引，避免由于行距过窄，文字过密，而使阅读产生串行现象。因此，为了不影响视觉阅读效率，通常行距不小于字高的2/3，字间距离不得小于字宽的1/4为宜。

版 面 构 成 中 ， 字 号 ， 字 距 及

行 距 的 宽 窄 设 定 也 应 认 真 对

待 ， 它 能 直 接 影 响 到 视 觉 的 阅

读 效 率 ， 书 籍 文 字 靠 字 间 行 距

版面构成中，字号，字距及行距的宽窄设定也应认真对待，它能直接影响到视觉的阅读效率，书籍文字靠字间行距的宽窄处理来提高读者阅读的兴趣并产生空间指引，避免由于行距过窄，文字过密，而使阅读产生串行现象。因此，为了不影响视觉阅读效率，通常行距不小于字高的2/3，字间距离不得小于字宽的1/4为宜。

图 7-7　文字的行距、字距编排案例

五、构成版面设计的图片及插图的设计

图片及插图是书籍版面设计内容的重要组成部分。文字内容的编排要与图片及插图相配合、相呼应，在靠近与插图有关的正文处，应留出准确的图片及插图的空位。图片及插图的表现手法多种多样，可充分发挥版式设计者的智慧与才能，创作出富有特色的作品，如图 7-8 所示。

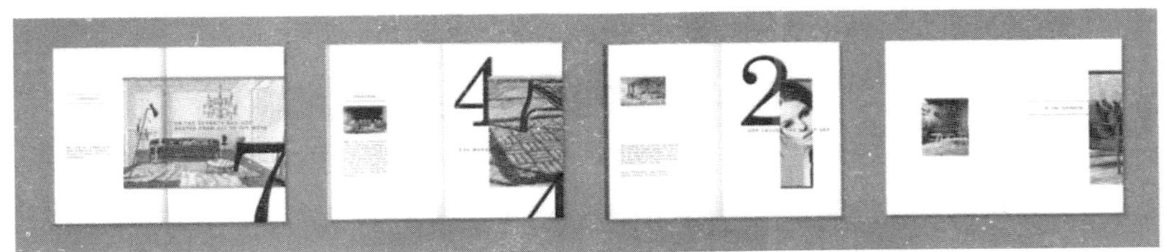

图 7-8　插图创意编排案例

六、版面的空白处理

空白是整个设计的有机组成部分，没有空白也就没有了图形和文字。因此，空白作为一种页面元素，其作用好比色彩、图形和文字，有过之而无不及。在设计中，要敢于留空，善于留空，这是由空白本身的巨大作用所决定的。空白可以加强节奏，有与无、虚与

实的空间对比，有助于形成充满活力的空间关系和画面效果。设计时必须注意空白的形状、大小及其与图形、文字的渗透关系。空白可以引导视线，强化页面信息，还容易成为视觉焦点，让人过目不忘，印象深刻。空白还是一种重要的休闲空间，可以使我们的眼睛在紧张的阅读过程中得到休息。留有大片空白的页面元素给观者以无尽的想象空间，留有“画尽意在”“景外之景”的余地，如图 7-9 所示。

图 7-9 画册设计中的留白处理

对于设计者来说，白色总意味着挑战，设计者出于本能更多地依赖色彩来增加设计效果，但过多使用色彩会使整体设计显得繁杂。现代设计崇尚“少即是多”的原则，尽可能用极少的元素进行设计，使版面既简洁明了，又丰富细腻。极简的极致就是空白，利用空白元素进行设计，通过其形状、位置的不同组合来产生千变万化的效果，具有简明扼要的美感。因此，留白并不是一种奢侈，它是设计的要素，是信息传递的需要。

马蒂斯说：画面没有可有可无的部分，若不起积极作用，必起破坏作用。有时摆上了很多东西却让人看不清想说什么，而越说不清就越往上面加东西，做出来的效果就变成一堆东西在那里。话要说得洪亮有力，就必须在空旷无人的时候说，设计要醒目明了，就不能有太多的因素打扰，空白就是能产生这种效果的神秘工具，如图 7-10 所示。

图 7-10　杂志版式编排中的留白处理

第三节　文字版式的创意编排

文字是人类文化的重要组成部分，无论在何种视觉媒体中，文字和图片都是两大构成要素。文字排列组合的好坏，直接影响版面的视觉传达效果。因此，文字设计对于增强视觉传达效果、提高作品的诉求力、赋予版面审美价值而言，是一种重要的构成技术。

一、文字基础

（一）字体

不同的字体有着不同的性格和气质，也就是说，字体是有生命的。许多设计师对使用字体很迷茫，不知道什么情况下该使用什么样的字体，其实这就是没有去真正关注字体性格的结果。

楷体经过无数书法大师的不断锤炼，每一个字都经得起推敲，具有很强的文化气质，因此，在做具有文化感和传统风格的版面设计中可以使用。

宋体也是一种历经几个朝代的字体，被前人修饰得无可挑剔，端庄秀丽，有贵族气质。

仿宋体，刚柔结合，精致细腻，是一种很唯美的字体。

黑体是一种现代字体，刚挺稳重，有力量感，很醒目，但稍显笨重粗糙。后来发展出来的等线体却非常精致耐看，很有现代小资的感觉，低调却不粗俗，且自成一派。

经得起推敲的几种字体是宋体（标宋、书宋、大宋、中宋、仿宋、细仿宋）、黑体（中黑、平黑、细黑、大黑）、楷体（中楷、大楷、特楷）、等线体（中等线、细等线）、圆黑体（中圆、细圆、特圆），这些字体是一些基础字体，虽然普通却很耐看，一般书籍内文都使用这些字体。常用中文字体如图 7-11 所示。

宋体　字体优美清新，格调高雅，华丽高贵。
适用于报纸、杂志等正文。

黑体　庄重、大方、稳重，有着朴素、直率的感觉。
适用于严肃、庄重的场合。

圆体　粗圆庄重秀美，细圆秀丽洒脱。
适用于说明文字及热烈、喜庆等场面。

魏碑　有舒展奔放、坚强刚劲的感觉。
适合于表现古朴、苍劲等题材。

舒体　字体结构方圆，有秀丽文雅之感。
适用于表现文化、文艺内容。

图 7-11　常用中文字体

此外，书法体和手写体能让版面产生灵气和个性。

（二）字号

字号的确定需要以下三个依据：

一是版面各个层级元素之间的对比关系。标题应该比副标题大多少，副标题应该比正文大多少，要体现出各个层级之间的轻重关系。

二是版面整体比例关系。版式文字要做到突出但不唐突，弱化但要可见。

字体的不同也可能对字号的大小造成视觉偏差。同等字号情况下宋体看起来偏大，楷体偏小，在混排时需要进行视觉修正，可以通过加入正负 0. 1~0. 2 的修正值来解决，如图 7-12 所示。

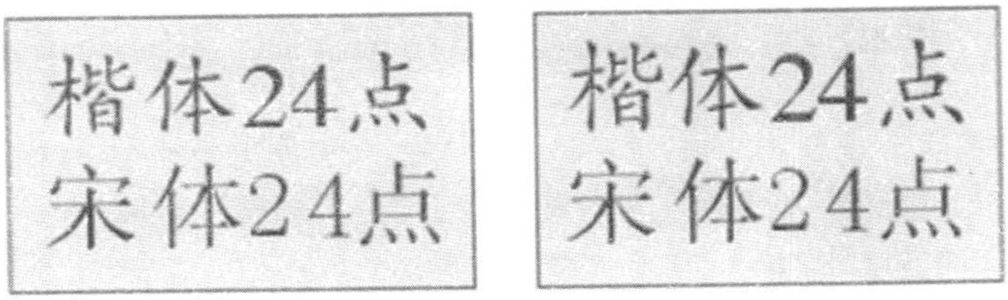

楷体24点　楷体24点
宋体24点　宋体24点

图 7-12　字号视觉修正前后对比

字体混合技巧：

1. 一个版面最好不要超过三种字体，要更多变化可以通过改变字体大小、长宽等来实现，如图 7-13 所示。

图 7-13　不同字体在杂志版面中的运用

2. 混合字体之间最好有明显不同的风格，如粗细、曲直等。

三是成品的视觉效果。版面最重要的作用是传达信息，因此要保证阅读效果。比如一段内文，在报纸广告上可能 8 号字至 10 号字足够了，但在海报招贴上，因为阅读距离的不同，可能需要 24 号字以上才能看清楚。

（三）字距与行距

字距与行距的把握是设计师对版面的心理感受，也是设计师设计品位的直接体现。

汉字是方块字，每个字的占位空间完全一样，编排中非常容易出现呆板、沉闷、粗糙的视觉效果。解决这一问题的关键是字距和行距的调整。

因为每种字体对字符的占用空间是不一样的，所以字距一般由字体结构来决定。比如楷体，结构比较自由灵活，对字符四边的占用率比较小，所以它所要求的字距也相对较小；若字距太大，视觉效果就会散，阅读起来会很吃力。而黑体和宋体对四边的空间利用率很高，字符很满，因此它所需要的字距空间就要比楷体稍微大一点，这样才能让阅读者感觉舒适，如图 7-14 所示。

字距不同，版面的心理感受也不同。

字距不同，版面的心理感受也不同。

字 距 不 同 ， 版 面 的 心 理 感 受 也 不 同。

图 7-14　字符间距与阅读心理感受比较

一般行距的常规比例应为：字距 8 点，行距则为 10 点，即 8：10。但对于一些特殊的版面来说，字距与行距的加宽或缩紧，更能体现主题的内涵。

现代国际上流行将文字分开排列的方式，这种方式让人感觉疏朗清新、现代感强。因此，字距与行距不是绝对的，应根据实际情况而定。

二、文字编排形式

（一）左右齐整

文字可横排也可竖排，一般横排居多。横排从左到右的宽度要齐整，竖排从上到下的长度要齐整，使人感觉规整、大方、美观，但要注意避免平淡。左右齐整的编排形式适用文字较多的版面，如报纸、杂志等。

（二）左齐

让每一行的第一个文字都统一在左侧的轴线上，右边可长可短，给人以优美自然、愉悦的节奏感。左齐的排列方式非常符合人们的阅读习惯，容易产生亲切感。

（三）右齐

让每一行的最后一个文字都统一在右侧的轴线上，左边可长可短，其不足之处在于增加了阅读时间，适用于字体较少的版面。

（四）居中对齐

以版面的中轴线为准，文字居中排列，左右两端字距可以相等，也可以长短不一，仅限于文字较少的版面。

（五）自由格式

不拘泥于齐整、规律化的排列，常常以独特的角度、大小、疏密来构造有意味的形式。这种形式具有时代感，能增加版式的自由度，适合表现自由奔放的版面内容。

文字的不同编排形式案例如图 7-15 所示。

《梦与诗》
胡适

都是平常经验，
都是平常影象，
偶然涌到梦中来，
变幻出多少新奇花样！
都是平常情感，
都是平常言语，
偶然碰着个诗人，
变幻出多少新奇诗句！
醉过才知酒浓，
爱过才知情重：——
你不能做我的诗，
正如我不能做你的梦。

左右齐整

《梦与诗》
胡适

都是平常经验，
都是平常影象，
偶然涌到梦中来，
变幻出多少新奇花样！
都是平常情感，
都是平常言语，
偶然碰着个诗人，
变幻出多少新奇诗句！
醉过才知酒浓，
爱过才知情重：——
你不能做我的诗，
正如我不能做你的梦。

左齐

《梦与诗》
胡适

都是平常经验，
都是平常影象，
偶然涌到梦中来，
变幻出多少新奇花样！
都是平常情感，
都是平常言语，
偶然碰着个诗人，
变幻出多少新奇诗句！
醉过才知酒浓，
爱过才知情重：——
你不能做我的诗，
正如我不能做你的梦。

右齐

《梦与诗》
胡适

都是平常经验，
都是平常影象，
偶然涌到梦中来，
变幻出多少新奇花样！
都是平常情感，
都是平常言语，
偶然碰着个诗人，
变幻出多少新奇诗句！
醉过才知酒浓，
爱过才知情重：——
你不能做我的诗，
正如我不能做你的梦。

居中对齐

《梦与诗》
胡适

都是平常经验，
都是平常影象，
偶然涌到梦中来，
变幻出多少新奇花样！
都是平常情感，
都是平常言语，
偶然碰着个诗人，
变幻出多少新奇诗句！
醉过才知酒浓，
爱过才知情重：——
你不能做我的诗，
正如我不能做你的梦。

自由格式

图 7-15　文字的不同编排形式案例

三、文字编排技法

文字版式设计中编排主要涉及标题和正文的处理。通常标题要突出，有引导和吸引注意力的功能；正文则以常用字体为主。在文字编排时要注意标题和正文的大小、风格等，既要有对比，又要协调。

（一）标题编排

标题字的编排要注意两个基本问题：

一是选择的字体要能正确反映文章内容所代表的情感倾向。例如：涉及儿童内容的标题字可用圆体，体现可爱、柔弱的特征；涉及严肃内容的标题字可用粗黑体。

二是标题与正文是要形成对比。一般情况下，标题字要和正文形成对比，标题字通常要比正文大而且笔画要粗，若用一种字体，字号要大，同时颜色最好变化，以示区分，如图 7-16 所示。

图 7-16　文字标题的创意编排设计

（二）正文编排

正文编排应注意以下问题：

一是要考虑正文一页里字数的多少以及页数的多少。字数多、页数多的文章应选用经典耐看的字体以保证长时间的可读性，如小说等。字数少、页数少的正文内容可以采用分层次编排方法，通过对正文内容分类，建立几个视觉层次，增强吸引力，如传单、宣传手册等。

二是看正文内容是强调严肃性、娱乐性还是趣味性的。一般严肃性文章通常要考虑正文的连续性、字体的规范性。娱乐性和趣味性文章的字体选择余地大，强调编排形式的多样性，如图 7-17 所示。

图 7-17　正文的创意编排设计

三是看正文的层次性。在一些传单或者手册的设计中，首先要考虑宣传内容的优先性及文字的等级。除了字体和字号外，使用颜色、斜体、线条、方框等，也是建立层次性的一种好方法。图 7-18 所示体现了正文编排的层次性。

图 7-18　正文编排的层次性

（三）文字特殊编排方式

文字特殊编排常见的手法有文字图形化、文字相互嵌套、图形文字化等，通过这些手法可以增强版面的趣味性和灵活性，如图 7-19 所示。

图 7-19　文字图形化创意编排设计

（四）页码编排

版式设计是对文字、图像、色彩等素材进行的创造性复合，页码的设计是构成书籍设计整体形式不容忽视的一部分。好的页码设计会给读者带来意想不到的视觉效果和心理效应。所以，页码编排也需要求新颖、有创意，并且同书籍的整体设计相协调，如图 7-20

所示。

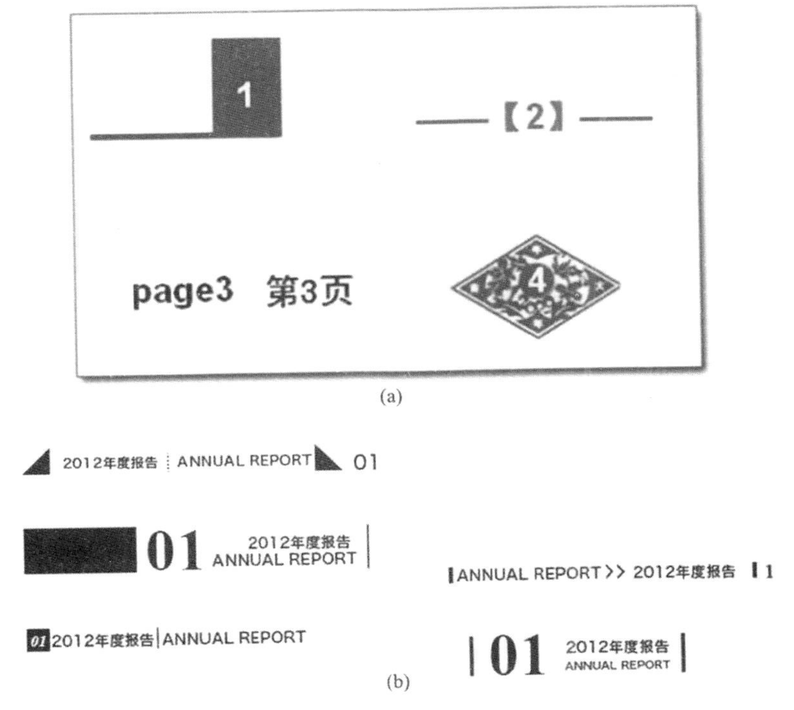

(a)

(b)

图 7-20 页码编排设计案例

（五）目录编排

人们在欣赏一幅画时，都会遵循这样的欣赏次序：先通观全画，产生总体印象后，视线便会停留于某一处，这个地方就是画面的“视觉中心”，然后视线才会移动。不管什么版式，读者一般首先通过目录了解媒体的内容，因此要把目录设计成为视觉中心，读者被它吸引之后，自然会关注正文内容。目录中可以列出书籍、杂志或其他出版物的内容，显示插图列表、广告商或摄影人员名单，也可以包含有助于读者在文档或书籍文件中查找信息的其他内容。目录设计的主要方法如下：

1. 突出主题

目录版式设计突出的中心就是编者最想说的话。采用多种编排手段，大标题、粗线条分割的办法给读者以强烈的视觉感染力、穿透力和震撼力。突出一个主题，会给读者留下深刻的印象，达到很好的宣传效果，如图 7-21 所示。如在报纸编排中，将最具有视觉冲击力的图片和标题放在目录版式上部，做突出处理，极为重要。

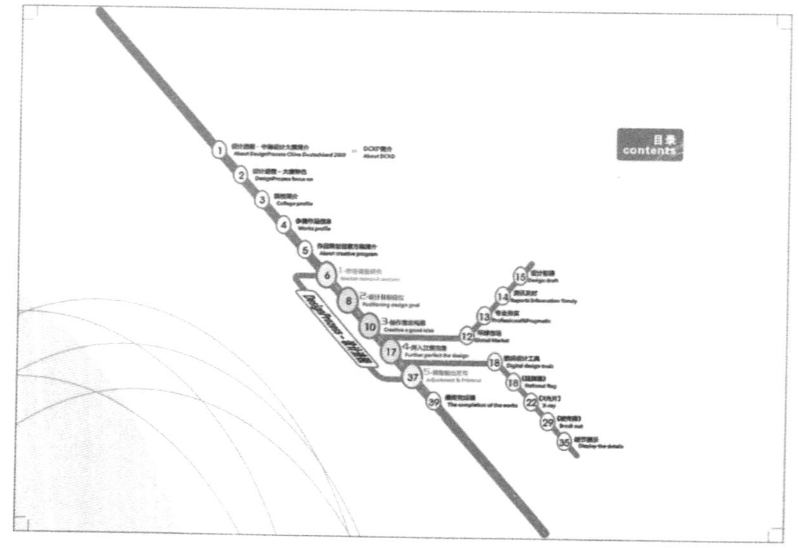

图 7-21 目录编排设计中主题的突出

2. 活用图片

现代社会是个“读图”的时代。图文并茂是优秀目录版式设计的原则之一。而且随着时代的发展，图片的作用和地位越来越突出，其所占据的目录版式设计位置也越来越大。对大小不同的图片的安排恰当与否，对目录版式的美观程度以及形成目录版式的视觉中心有直接影响。目录编排设计中图片的应用案例如图 7-22 所示。

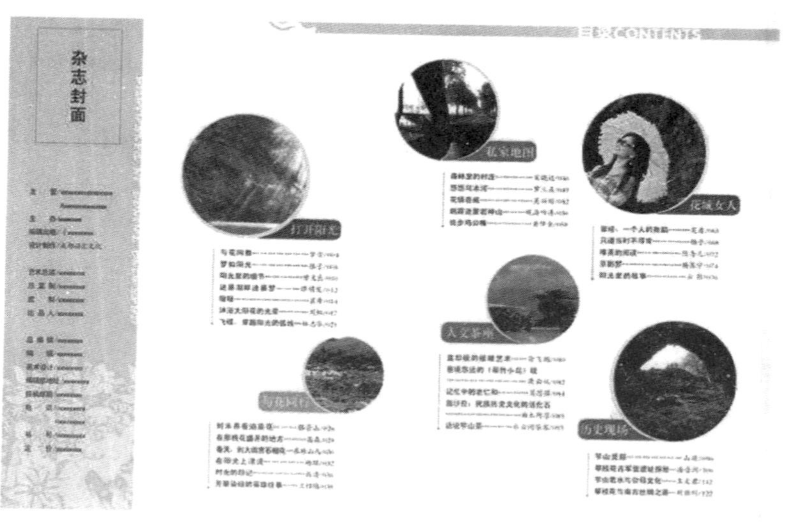

图 7-22 目录编排设计中图片的应用案例

3. 衬托对比

目录版式可以采取局部的图案套衬、加大标题字号和所占目录版式设计的空间、突出的题图设计、标题形状的奇特变化、加大文章所占的目录版式设计空间、独特的花边形式、题图压衬等方式。还可采取对比，例如在许多垂直线中有一条斜线，或在许多斜线中有一条垂直线。稀有因素往往因数量对比的原因显得异常突出，在画面中成为视觉中心。对比关系是产生视觉刺激的基础，对比包括明暗对比、方向对比、大小对比、曲直对比等。目录编排设计中衬托对比的应用案例如图 7-23 所示。

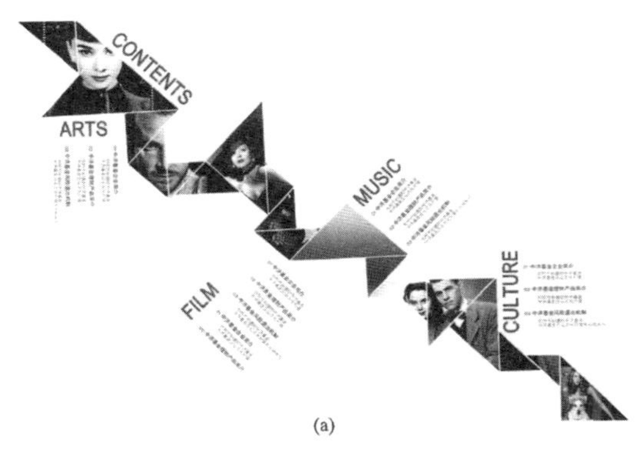

(a)

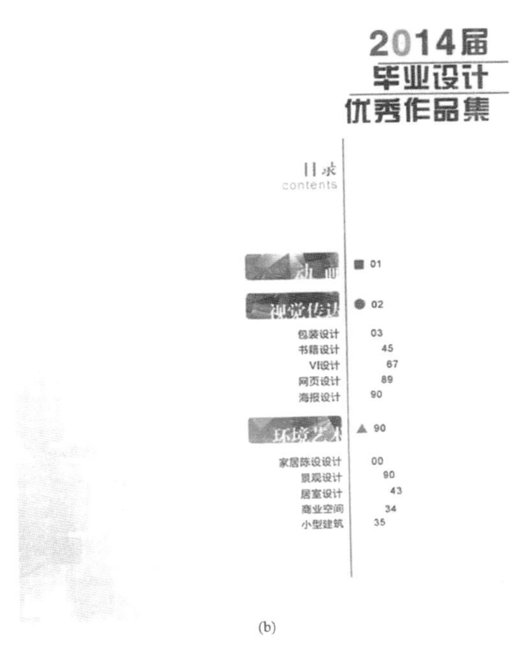

(b)

图 7-23　目录编排设计中衬托对比的应用案例

第四节　图片版式的创意编排

随着数字媒体的日益兴盛，图片在版式设计中所占的比重越来越大。图片的视觉冲击力比文字强，包含的信息量大。版式设计中一幅合适的图片，可以使本来平淡的事物成为强有力的诉求性画面，充满更强烈的真实感和亲和力。因此，图片是版面构成要素中的重要素材。

一、构图与裁剪

（一）构图

这里探讨的构图主要是指摄影构图。摄影构图是指如何组织和处理图形的各要素以吸引观察者的注意力。若想拍摄一幅好的照片，需要借助形状的视觉暗示，以及灯光、颜色、对比度和尺寸的强调作用。

好的照片在构图时一定要注意到布局，尽量控制观众的视觉焦点和注意力，引导他们的眼睛以某种特定顺序从一点移向另一点。此外，拍照片时不要总是将空间全部占满，在照片的四边留下一些空间，以便今后进行设计时有更多的选择余地。美食杂志中的图片构图设计案例如图 7-24 所示。

图 7-24　美食杂志中的图片构图设计案例

（二）裁剪

很少有照片能够不经处理直接使用在版面中，主要原因：一是照片不可能正好符合版面的需要，必须经过处理才能符合版式要求；二是照片中的一些细节可能会分散读者对表现主题的注意力，影响表现效果。因此，照片必须按照版式内容要求以及我们需要表达的重点内容进行裁剪，如图 7-25 所示。

(a)

(b)

(c)

图 7-25　图片素材的裁剪

摄影构图建议：

1. 画面提供的信息不能造成视觉上的混乱。
2. 人和环境的关系要有助于传达照片的意图。
3. 应避免由于人物和环境之间的含糊关系而可能产生的错觉。
4. 明与暗的关系或色彩对比关系非常重要。
5. 照明、透视、重叠和影纹的层次变化，有助于在二维平面上体现出明显的纵深感。

照片裁剪方法：

一种是对包含大量细节对象的摄影图片，通过横、纵裁剪来创建另一种风格。

一种是对去背景、留主体的图片通过旋转、放大或者缩小来达到出奇制胜的效果。

杂志版面中的图片编排案例如图 7–26 所示。

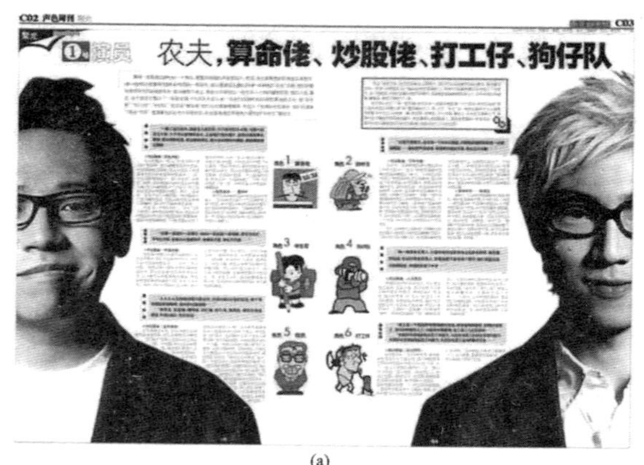
农夫，算命佬、炒股佬、打工仔、狗仔队

(a)

GLAMOUR EXTRA

Das Seufzen der Frauen

Genau so soll es klingen, wenn eine Champagner- oder Sektflasche geöffnet wird. Das sagt der Kenner. Noch Fragen offen? Aber nicht mehr nach dieser Übersicht

Und dann: Cin-Cin!

Feine Unterschiede

(b)

图 7–26　杂志版面中的图片编排案例

二、图片的色彩处理

（一）单色调处理

单色调是用非黑色的单一油墨打印的灰度图像。单色照片因为颜色单一、细节较少，可以比彩色图片具有更强的感染力，更能吸引观者的注意力。单色调图片可以为作品定下一种风格和基调，有时可以让作品更加具有时尚感和艺术性。但是，如果要将照片处理成单色，需要更多的布局和裁剪，图片的对比效果要强烈，如图 7-27 所示。

(a)

(b)

图 7-27　照片的灰度处理

（二）多色调处理

双色调、三色调和四色调分别是用两种、三种和四种油墨打印的灰度图像。双色调增大了灰色图像的色调范围。虽然灰度可以重现多达 256 种灰阶，但印刷机上每种油墨只能重现约 50 种灰阶。与使用两种、三种或四种油墨打印并且每种油墨都能重现多达 50 种灰阶的灰度图像相比，仅用黑色油墨打印的同一图像看起来明显粗糙得多。图片的色调处理示例如图 7-28 所示。

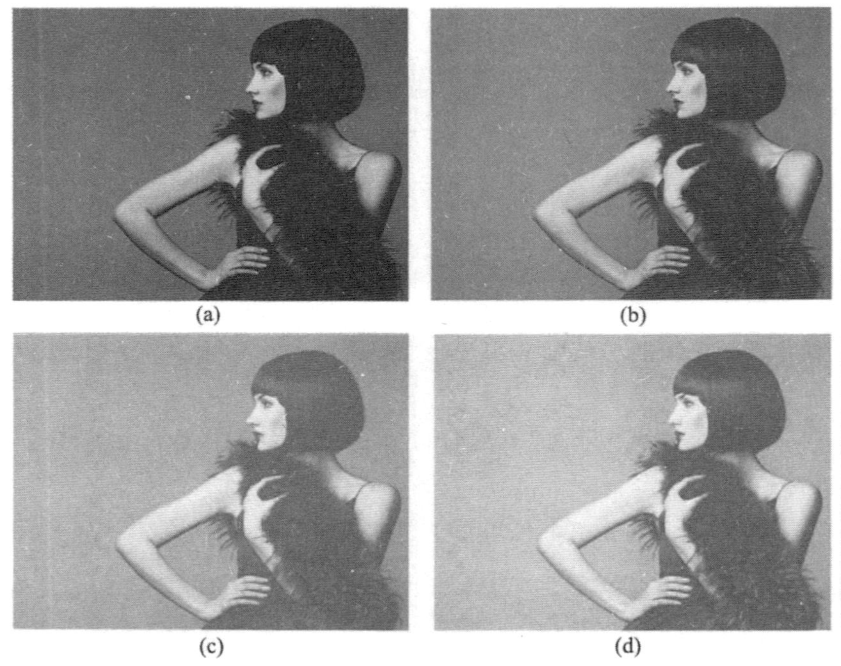
(a) (b) (c) (d)

图 7-28　图片的单色调、双色调、三色调、四色调处理

单色调可以使用灰度图直接转化，也可以从双色调中选择某一种颜色。

双色调使用不同的彩色油墨重现不同的灰阶，因此在 Photoshop 中，双色调被视为单通道、8 位的灰度图像。应用双色调模式的方法：先将图片模式转换为灰度图，然后再转换为双色调。在弹出的对话框中选择颜色、调整曲线，不能（像在 RGB、CMYK 和 Lab 模式中那样）直接访问个别的图像通道。

三、图片处理形式

（一）褪底图片

褪底是设计者根据版面内容所需，将图片中需要保留的部分沿边缘裁剪，留下想要的部分，去掉不要的部分。褪底图片中，不要的部分通常以透明形式保存，不要以白色填充，否则白色部分会遮挡其他元素. 影响排版的灵活性。褪底图片应用的最大优势是灵活而多变化。图片素材的褪底处理案例如图 7-29 所示。

(a)

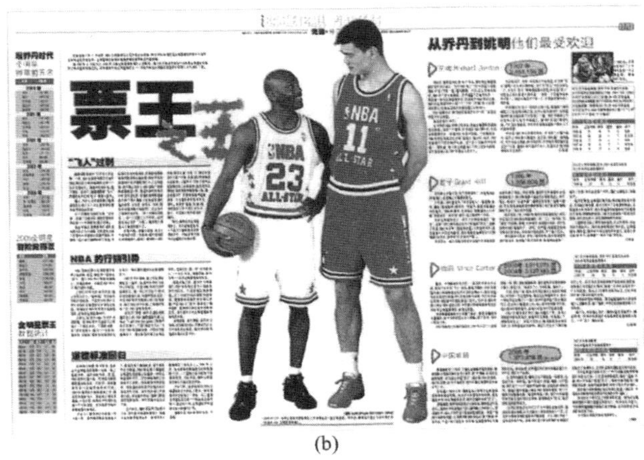

从乔丹到姚明他们最受欢迎

票王

“飞人”对决

NBA 的行销引擎

(b)

图 7-29　图片素材的褪底处理案例

（二）化网图片

化网主要通过减少图片的层次，衬托主题，渲染版面气氛。全部使用化网的方法而没有突出部分的图通常多用作背景，如图 7-30 所示；而局部化网则是为了强化与其他部分的对比效果。

(a)

(b)

图 7-30　图片素材的化网处理

（三）特定形状图片

按照一定的形状编辑处理的图片称为特定形状图片，如方形图片、圆形图片、异形图片等，如图 7-31 所示。有时，由于版式过于呆板，需要特殊形状图片来满足版面变化的需求。

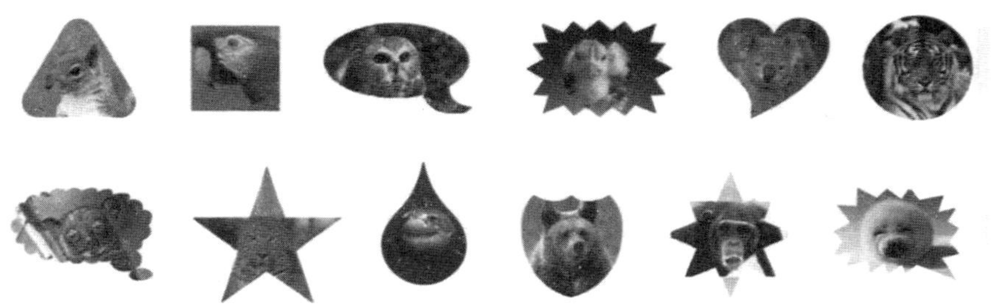

图 7-31　图片素材的特定形状处理

四、图片编排

图片数量的多少会直接影响版面的氛围和受众的心理。因此，有时要针对图片数量进行不同的编排。

（一）单幅图编排方法

单幅图片编排通常指版面少于两幅图的情况下版面图片的编排。

单幅图版面的特点是简洁、明快，容易突出重点，因此对图片的质量要求较高。

单幅图版面编排的重点是注意图片的方向、大小。单幅图的编排案例如图 7-32 所示。

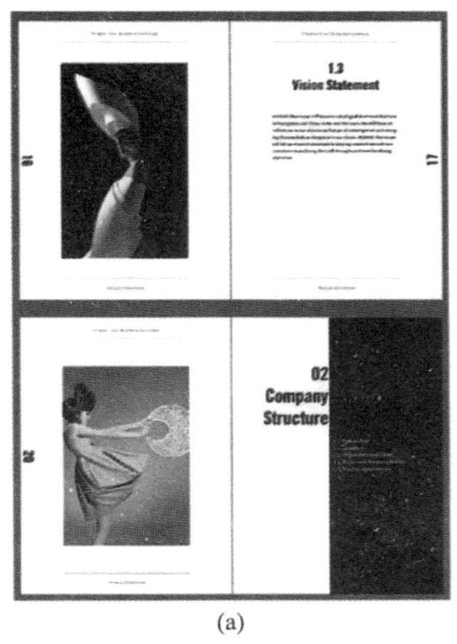

(a)

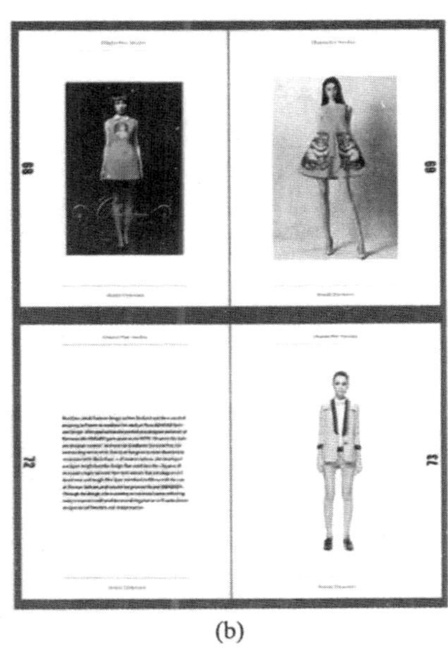

(b)

图 7-32　单幅图的编排案例

（二）多幅图编排方法

多幅图一般是指一个版面有三幅以上的图片。在版面图片较多时，版面往往很热闹，容易分散受众的注意力。因此，如何合理有序地安排图片，突出中心是编排的重点。此外，众多风格不一的图片在一个版面中如何实现统一也是重点。

常用的多幅图处理方法有：

同形法：对不同形状的图形应用相同的形状处理，可以使版面显得统一协调、有条理性，如图 7-33 所示。

(a)

(b)

(c)

(d)

图 7-33 多幅图的同形法编排案例

同色法：对不同颜色的图片使用同一种色调，可以统一版面效果。案例如图 7-34 所示。

图 7-34 图片处理同色法编排案例

综合法：利用某些特殊元素使各种图片形成统一整体。案例如图 7-35 所示。

黄鹤楼位于湖北省武汉市长江南岸的武昌蛇山之巅，为国家5A级旅游景区，享有“天下江山第一楼”、“天下绝景”之称。黄鹤楼是武汉市标志性建筑，与晴川阁、古琴台并称“武汉三大名胜”。该建筑也与湖南岳阳楼、江西南昌滕王阁并称为“江南三大名楼”。

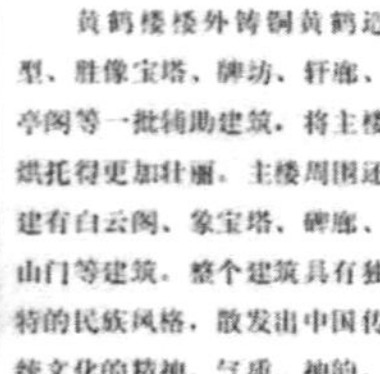

黄鹤楼始建于三国时代吴黄武二年（公元223年）。唐代诗人崔颢在此题下《黄鹤楼》一诗，李白在此写下《黄鹤楼送孟浩然之广陵》，历代文人墨客在此留下了许多千古绝唱，使得黄鹤楼自古以来闻名遐迩。

黄鹤楼坐落在海拔61.7米的蛇山顶，京广铁路的列车从楼下呼啸而过。楼高5层，总高度51.4米，建筑面积3219平方米。黄鹤楼内部由72根圆柱支撑，外部有60个翘角向外伸展，屋面用10多万块黄色琉璃瓦覆盖构建而成。

黄鹤楼楼外铸铜黄鹤造型、胜像宝塔、牌坊、轩廊、亭阁等一批辅助建筑，将主楼烘托得更加壮丽。主楼周围还建有白云阁、象宝塔、碑廊、山门等建筑。整个建筑具有独特的民族风格，散发出中国传统文化的精神、气质、神韵。它与蛇山脚下的武汉长江大桥交相辉映；登楼远眺，武汉三镇的风光尽收眼底。

黄鹤楼现为国家AAAAA级旅游景区、全国重点文物保护单位。

(a)

黄鹤楼位于湖北省武汉市长江南岸的武昌蛇山之巅，为国家5A级旅游景区，享有“天下江山第一楼”、“天下绝景”之称。黄鹤楼是武汉市标志性建筑，与晴川阁、古琴台并称“武汉三大名胜”。该建筑也与湖南岳阳楼、江西南昌滕王阁并称为“江南三大名楼”。

黄鹤楼始建于三国时代吴黄武二年（公元223年）。唐代诗人崔颢在此题下《黄鹤楼》一诗，李白在此写下《黄鹤楼送孟浩然之广陵》，历代文人墨客在此留下了许多千古绝唱，使得黄鹤楼自古以来闻名遐迩。

黄鹤楼坐落在海拔61.7米的蛇山顶，京广铁路的列车从楼下呼啸而过。楼高5层，总高度51.4米，建筑面积3219平方米。黄鹤楼内部由72根圆柱支撑，外部有60个翘角向外伸展，屋面用10多万块黄色琉璃瓦覆盖构建而成。

黄鹤楼楼外铸铜黄鹤造型、胜像宝塔、牌坊、轩廊、亭阁等一批辅助建筑，将主楼烘托得更加壮丽。主楼周围还建有白云阁、象宝塔、碑廊、山门等建筑。整个建筑具有独特的民族风格，散发出中国传统文化的精神、气质、神韵。它与蛇山脚下的

(b)

图 7-35　图片处理综合法编排案例

第五节　图文混合版式的创意编排

图文混合编排是版式设计中常见的排版方式，正确处理好图片和文字之间的关系是版面美观的关键。

一、图文绕排编排法

图文混排时，一般情况下应尽量避免把文字放置在图片上，这样可以保证图片的信息不会被遮挡，同时又能保证文字的正常阅读。当然，如果图片是用来制作背景的又另当别

论。图文分离主要采用文本绕排方法，形式主要有如下几种：

1. 定界框绕排，文字按照图片框绕转。如矩形图片，文字沿着矩形四周分布，如图 7-36（a）所示。

2. 对象形状绕排，文字按照褪底对象四周绕转。如褪底高楼，文字沿着高楼变化排列，如图 7-36（b）所示。

3. 上下绕排，即对任何图片，文字只在图片的上方和下方分布，左右无文字，如图 7-36（c）所示。

黄鹤楼位于湖北省武汉市长江南岸的武昌蛇山之巅，为国家5A级旅游景区，享有“天下江山第一楼”、“天下绝景”之称。黄鹤楼是武汉市标志性建筑，与晴川阁、古琴台并称“武汉三大名胜”。该建筑也与湖南岳阳楼、江西南昌滕王阁并称为“江南三大名楼”。

黄鹤楼始建于三国时代吴黄武二年（公元223年）。唐代诗人崔颢在此题下《黄鹤楼》一诗，李白在此写下《黄鹤楼送孟浩然之广陵》，历代文人墨客在此留下了许多千古绝唱，使得黄鹤楼自古以来闻名遐迩。

黄鹤楼坐落在海拔61.7米的蛇山顶，京广铁路的列车从楼下呼啸而过。楼高5层，总高度51.4米，建筑面积3219平方米。黄鹤楼内部由72根圆柱支撑，外部有60个翘角向外伸展，屋面用10多万块黄色琉璃瓦覆盖构建而成。

黄鹤楼楼外铸铜黄鹤造型、胜像宝塔、牌坊、轩廊、亭阁等一批辅助建筑，将主楼烘托得更加壮丽。主楼周围还建有白云阁、象宝塔、碑廊、山门等建筑。整个建筑具有独特的民族风格，散发出中国传统文化的精神、气质、神韵。它与蛇山脚下的武汉长江大桥交相辉映；登楼远眺，武汉三镇的风光尽收眼底。

黄鹤楼现为国家AAAAA级旅游景区，全国重点文物保护单位。

(a)

黄鹤楼位于湖北省武汉市长江南岸的武昌蛇山之巅，为国家5A级旅游景区，享有“天下江山第一楼”、“天下绝景”之称。黄鹤楼是武汉市标志性建筑，与晴川阁、古琴台并称“武汉三大名胜”。该建筑也与湖南岳阳楼、江西南昌滕王阁并称为“江南三大名楼”。

黄鹤楼始建于三国时代吴黄武二年（公元223年）。唐代诗人崔颢在此题下《黄鹤楼》一诗，李白在此写下《黄鹤楼送孟浩然之广陵》，历代文人墨客在此留下了许多千古绝唱，使得黄鹤楼自古以来闻名遐迩。

黄鹤楼坐落在海拔61.7米的蛇山顶，京广铁路的列车从楼下呼啸而过。楼高5层，总高度51.4米，建筑面积3219平方米。黄鹤楼内部由72根圆柱支撑，外部有60个翘角向外伸展，屋面用10多万块黄色琉璃瓦覆盖构建而成。

黄鹤楼楼外铸铜黄鹤造型、胜像宝塔、牌坊、轩廊、亭阁等一批辅助建筑，将主楼烘托得更加壮丽。主楼周围还建有白云阁、象宝塔、碑廊、山门等建筑。整个建筑具有独特的民族风格，散发出中国传统文化的精神、气质、神韵。它与蛇山脚下的

(b)

黄鹤楼位于湖北省武汉市长江南岸的武昌蛇山之巅，为国家5A级旅游景区，享有“天下江山第一楼”、“天下绝景”之称。黄鹤楼是武汉市标志性建筑，与晴川阁、古琴台并称“武汉三大名胜”。该建筑也与湖南岳阳楼、江西南昌滕王阁并称为“江南三大名楼”。

黄鹤楼始建于三国时代吴黄武二年（公元223年）。唐代诗人崔颢在此题下《黄鹤楼》一诗，李白在此写下《黄鹤楼送孟浩然之广陵》，历代文人墨客在此留下了许多千古绝唱，使得黄鹤楼自古以来闻名遐迩。

黄鹤楼坐落在海拔61.7米的蛇山顶，京广铁路的列车从楼下呼啸而过。楼高5层，总高度51.4米，建筑面积3219平方米。黄鹤楼内部由72根圆柱支撑，外部有60个翘角向外伸展，屋面用10多万块黄色琉璃瓦覆盖构建而成。

(c)

图 7-36　图文绕排编排法示例

二、图文结合编排法

有时候，文字必须放在图片上，我们称之为图文结合编排，这时要考虑以下几个方面的因素。

1. 文字与图片中形象的方向性问题。编排文字应避免与形象冲突，应充分利用图片中的形象因势利导地进行编排，这样可以获得良好的视觉效果。

2. 文字与图片的对比度问题。有时图像中可放置一些合适的文字，但是文字与背景对比太弱会影响阅读效果。这时可以使用改变字体颜色、添加字体边框、进行投影等方法解决。

3. 文字与图片中形象的位置关系。文字编排时必须保证文字不能放置在图片的精华部位，这样才能保证图片效果。

图文结合编排法示例如图 7-37 所示。

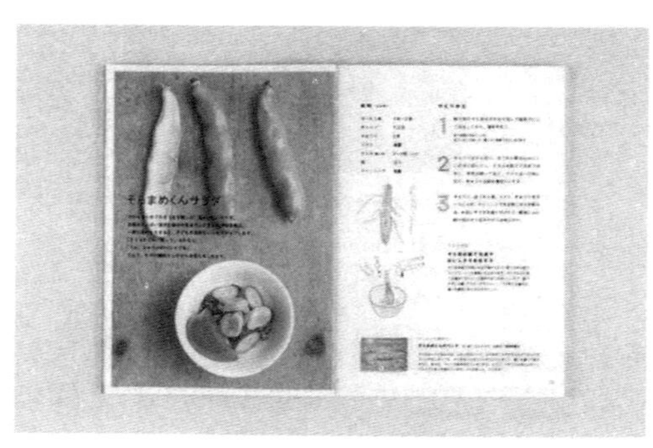

图 7-37　图文结合编排法示例

第六节　书籍创意编排设计的形式

版面设计形式常见的有古典版式设计、网格设计和自由版式设计三种。

一、古典版式设计

古典版式是一种以订口为轴心、左右两页对称的形式。被印刷部分（文字、图片、表格等）与未印刷部分（空白）之间的关系是相互协调的。未印刷部分围绕文字（双页）组成了一个保护性的框子，图片被嵌入版心之内，这种形式总是贯穿在整本书籍的设计之中。它是由德国人谷腾堡创立的，至今已有 500 多年的历史。古典版式设计案例如图 7-38 所示。

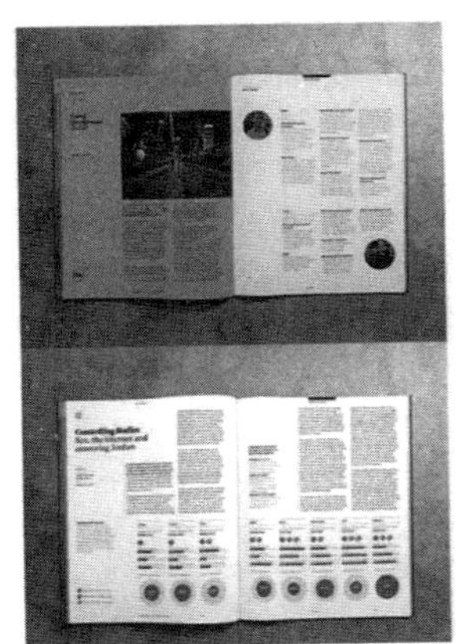

图 7-38　古典版式设计案例

二、网格设计

网格设计是运用固定的格子设计版面的方法。把版心的高和宽分为一栏、两栏、三栏以及更多的栏，由此规定了一定的标准尺寸，运用这个标准尺寸就可以安排各种文字、标题和图片，使版面成为有节奏的组合，并保证了双页之间的和谐统一。使用图片时产生的剩余空间，可安排文字，未印刷部分成为被印刷部分的背景。网格设计产生于 20 世纪 30 年代的瑞士，但直到 20 世纪 50 年代网格设计才成为定型的版面设计形式。在现代印刷品中，灵活而有创造性地应用网格设计，产生了大量优秀的版面设计作品。网格设计案例如图 7-39 所示。

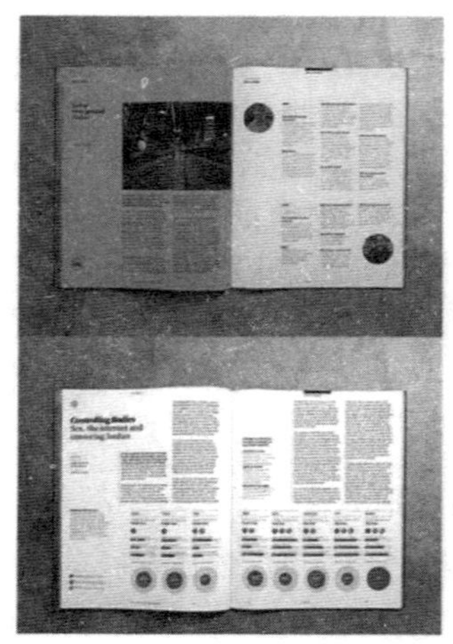

图 7-39 网格设计案例

网格结构虽然可能会显得过于固定和死板，但是只要根据文本实际需要采用适当的网格，就可把杂乱无章的图片、文字秩序化。网格并没有限制，可以使用所有可能的形状和尺寸设计各种各样的网格结构。运用这种方法，可把版面中的图片、文字编排得井井有条，相互协调，既统一又有变化。

网格系统是书籍、杂志、报纸、画册中的一种版式设计的常用手法，这种手法给设计者带来整齐、规范、有规律、提高工作效率的好处. 是现代版式设计较为常用的方法。其运用案例如图 7-40 所示。

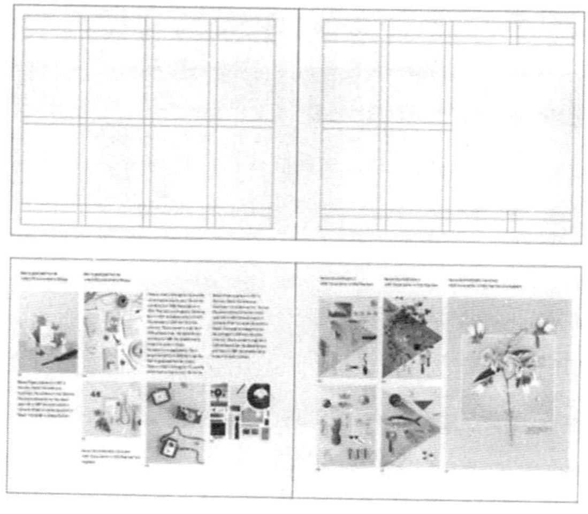

图 7-40 网格系统在版式编排设计中的运用案例

三、自由版式设计

自由版式设计就是把版面中印刷部分和未印刷部分视为同等重要的一对伙伴，一本书的每一页可有完全不同的设计。该设计形式形成于 20 世纪 80 年代中期的美国。照相胶片的剪辑、照相排版以及电子桌面排版系统的相继使用，使完全自由地进行书面设计有了可能，而在以前则要受到铅字框架的限制。自由版式设计案例如图 7-41 所示。

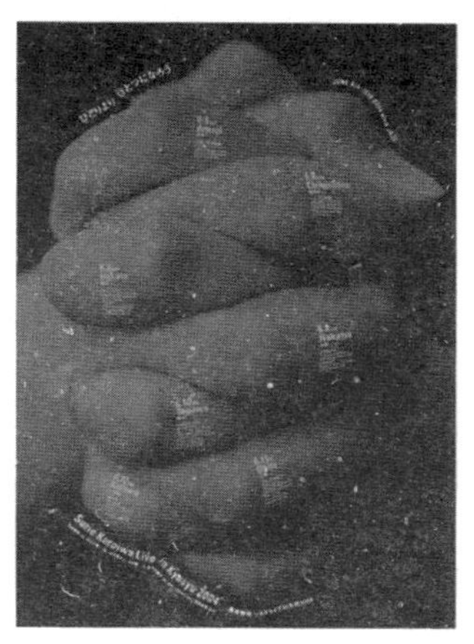

图 7-41　自由版式设计案例（一）

如图 7-42 所示，在装帧设计上，该书最大的特点就是轻松、自由，一个年轻、思维跳跃的青年跃然纸上，在书籍中，他作为主人公贯穿其中，让读者在阅读时更容易投入。整本书中，色彩是十分丰富和跳跃的，在语言的设计和应用上，运用了很多诙谐有趣的文字表现，如“望京”，顾名思义，“遥望着北京”，“有些时候，穷并不可怕，可怕的是你越来越穷”，这些文字的编排设计十分有趣。在版式的处理上，并没有使用书籍常用的网格或者分栏式的文字编排，而是使用了自由版式结构，来追求特殊的画面效果。对文字进行了适度的编排变化，模仿自然状态下具有偶然性的手写痕迹，或是夸张了的编排，形成了与文字内容性质相对应的视觉节奏。

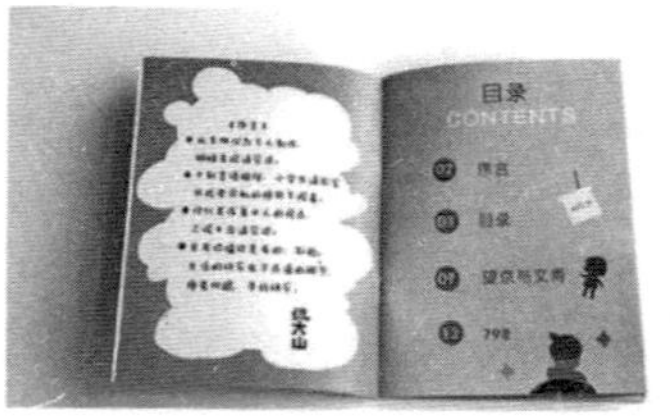

图 7-42　自由版式设计案例（二）

第八章　书籍装帧的创新性设计

在当今互联网时代，书籍作为大众信息传播的媒体，每年的销售量仍旧持续增长，书籍并未失去自身的特质和魅力，依旧发挥着信息传播的功能。如何采用新的传播思路和设计语言，让受众来选择书籍并乐意接受视觉化信息传达的全新感受，是我们对于书籍装帧艺术不断探索、大胆创新的终极目标。观念和科技使人们打开了思考和设计的新思路，书籍装帧的探索与创新应该是从内到外、多层次、全方位地探索书籍的本质功能，一大批具有创新理念的设计师开始致力于寻找书籍装帧创新性设计的新突破。

第一节　书籍设计的材料创新

设计来源于生活，也推动着人们的生活品质不断发展。在书籍设计中，材料对于书籍装帧设计十分重要，不同的材料，会产生不同的效果。书籍装帧设计能选用的材料极为丰富。目前各类不同材质的书籍层出不穷，精品书籍设计也越来越多，而在这些设计中都注重了书籍内容与书籍材料结合的细节，使得书籍整体极富品位。

一、书籍材料语言的重要性

每本成品书籍，都经过书籍设计者的筹划，评价一本书的价值一方面是书籍内容要有知识性、受益性、内在性，另外一方面还要看它的形式美、外在美。两者相辅相成，相得益彰。要想书籍具有形式美，材料的选用就要合理、新颖，这样才能使读者感到赏心悦目，才能增加读者的阅读兴趣。随着人们对书籍的审美需求更加多样化，现代书籍艺术更要利用新材料、新工艺来丰富、提升书籍设计的美感。

我国古代对于“书籍设计”非常讲究，在材料的选择和制作工艺方面极其认真。因此我国现代的书籍设计深受中国传统文化底蕴的影响，蕴涵着神秘的东方文化气息。书籍设计是通过形式、材料、色彩、字体等揭示书的内容，并赋予其一定的艺术感染力，以此来增加读者的阅读兴趣，帮助读者理解书籍的内容。即通过书籍的物质形态，体会到书籍内在的精神气质和美感。

二、纸类材料的创新

近年来，特种纸张迅猛发展，出现了各种不同质感、肌理、色彩的纸，特殊纸张是指具有特殊用途的、产量比较小的纸张。特种纸的种类繁多，主要有手揉纸（效果如同将纸揉皱）、云龙纸（效果如丝绸）、云彩纸（犹如云彩般的暗纹）、彩烙纸（表面有丝丝白色纤维）等，另外还有硫酸纸、铝箔纸、全息纸、丽芙、超感、热熔、岩纹、云纹、卡昆、纤维纸、植绒纸等。由于特殊纸张表面大多有特殊的纹理，大部分特种纸本身带有色彩，所以，设计者要根据需求谨慎选择，在应用时要考虑到特殊纸张的各个因素，熟悉特种纸的性能，并结合特种印刷工艺，根据其不同特性，这样才会把特殊纸张的个性表现得完美无缺，做成的书籍也会呈现出不同的感受。

特种纸材料在现实应用中也有局限因素。总的来讲，特种纸在市场上的销售不够理想，究其原因主要有以下几点。一是特殊承印物的价格偏贵，出版社为了降低书籍成本，不愿意使用价格偏贵的特种纸印刷。二是设计师缺乏对特殊承印材料的足够认识，对每种材料的物理属性、印刷效果及所呈现的文化的认识不够，不能系统地将设计创意与纸张设计、印刷设计连贯起来思考，不能正确运筹纸张的开度、克度、粗细纹路及纸质色素，以致出来的成品与起初构想的设计效果相去甚远。设计师费尽心机，最后拿出来的成品，没有达到预期效果，使客户对特种材料的认同一落千丈。三是我国印刷技术人员技术不够熟练，有很先进的印刷机器设备，很好的印刷条件、环境和印刷材料，但无印刷特种纸的经验，部分印刷厂错误地认为印刷特种材料费时、费力、费工序，既容易出问题又无经济效益，采取回避态度，因而严重挫伤了设计师创新求变的积极性。

书籍设计的发展史是一部材料与制作工艺的演变史。现代书籍设计中，不同的材料会给人以不同的视觉和触觉感受，每种材料都有其自身的特点，只有掌握了材料的性能特点，才能通过材料展现出书籍设计的内涵。自然界存在着无数种可用材料，这些材料有着不同的特性，设计者开发出了更多元化的书籍设计材料，使书籍设计不再仅局限在纸质材料上，更多不同的材料开始应用于书籍的装帧设计之中，出现了一些皮革、麻布、金属、木材、织物等材料的综合应用。

新材料及传统材料的正确使用，为书籍设计开拓了更为广阔的空间。这些新材料带来

的强烈视觉冲击力，为现代的书籍设计提供了多样化的空间。例如，大量的纤维织物材料开始作为纸张的补充而被创造性的应用。纤维织物包括稠密的棉、麻、绢、布、人造纤维，也包括光滑的天鹅绒、涤纶等。这些材料原本不是为制作书籍发明的，但可为书籍的设计所利用。可见熟练地掌握各种材料的特性，将其有机地结合起来，并加以应用，也能给书籍带来多样的视觉效果。

书籍材料作为传达设计内容信息的一种手段，在书籍设计中应强调运用材料思维，材料的选择必须在书籍整体设计的要求之下根据具体内容而定。合理选择、利用材料，通过印刷、装订等加工过程，使之成为完整的书籍，如此才能真正体现出材料的应用价值，为书籍设计的创新提供更多可能性。不同的材料组合在一起，可丰富书籍的视觉效果，给读者带来不同的阅读感受。另外，也应客观地看待新材料，既不可盲目堆积、滥用新材料，片面地追求“独特”，也不可忽视传统材料的价值。应融合艺术美、材质美和技术美，使书籍设计达到神形兼备的效果，给读者创造愉悦的阅读感受。

吕敬人在《书艺问道》中谈到：“纸张中纤维经过搓揉、磨压，具有耐用结实的美感与实用功能，书籍用纸具有不可思议的文化韵味；纸张的魅力在于其内在的表现力，千丝万缕的植物茎根层层叠叠，压在不到毫米厚的平面之内，展现既丰富又含而不露的微妙表情，此时的纸张语言则是无声胜有声；纸张的魅力还体现在力与美的交融，珍藏几百年的古籍、古书画仍在散发着原作墨迹彩绘的光彩，为后人尽情观赏。”

我们不能只直观地感受和简单地运用材料，而要对材料的固有属性、功能和价值加以深层的认识和把握，做到从材料角度构思，善于发现材质美，利用材质美，根据书籍的内涵，融艺术设计与材料表现为一体。例如《梅兰芳藏戏曲史料图画集》的设计（图 8-1）。集子中所收的戏曲、脸谱图画都是梅兰芳纪念馆现存“缀玉轩”珍藏图画、脸谱的原件复制，图谱原件是梅兰芳 20 世纪 20 年代末 30 年代初向北平国剧学会提供的个人藏品（图 8-2）。为了真实再现图画和脸谱，书籍纸材选择了宣纸作为印刷承印物，结合先进的印刷技术和设计人精益求精的艺术精神，将集子中的戏曲脸谱、戏画、戏曲人物近乎原貌地再现出来。宣纸的细腻质感，也传递出浓厚的中国传统韵味（图 8-3、图 8-4），因此，将材料作为整体设计的一部分，有时能给设计带来无可比拟的视觉感受，达到事半功倍的效果。此书成为 2003 年度“世界最美的书”评选中国出版社唯一获金奖的作品。

图 8-1 《梅兰芳藏戏曲史料图画集》

图 8-2 《梅兰芳藏戏曲史料图画集》

图 8-3 集子中的人物

图 8-4　集子中的人物

在书籍设计中还要将视觉图像与材料的美感联系在一起。书籍设计师的设计步骤一般是，先设计书籍装帧的视觉图像，然后根据追求的效果选择承印材料。也可以先选择能有效表达内容的承印材料，然后根据材料质地来考虑书籍视觉图像的设计，充分发挥和调动承印材料本身的质感和魅力，让材料的美感成为设计的亮点。在选择承印材料时，我们应运用材料语言拓展设计思路，不拘于形式，视设计所需，勇于尝试新的材料，勇于选用特种纸和特种材料，如皮革、纺织品、木、竹等（图 8-5 至图 8-7）。

图 8-5　创意木制材料书籍封面

图 8-6　纺织品书籍封面

图 8-7　封面细节图

吕敬人在构思《朱熹榜书千字文》的设计时，别出心裁。他认为朱熹的大字遒丽洒脱，以原大复制既要保持原汁原味，又要创造一种令人耳目一新的形态，于是在封函的设计上选择了桐木材质，将一千字反雕在桐木板上，仿宋代印刷的木雕版（图 8-8）。全函以皮带串连，如意木扣合。桐木材料封函的天然木质质感，传递出古色古香的文化气味。对材料性质恰到好处的应用，增加了书籍的质感和触感，让读者对整本书的整体印象得到提升，增加了阅读的冲动与趣味，读者可从中领悟深邃的思考、生命的脉动、智慧的启示、幻想的诱发，并获得阅读的愉悦。

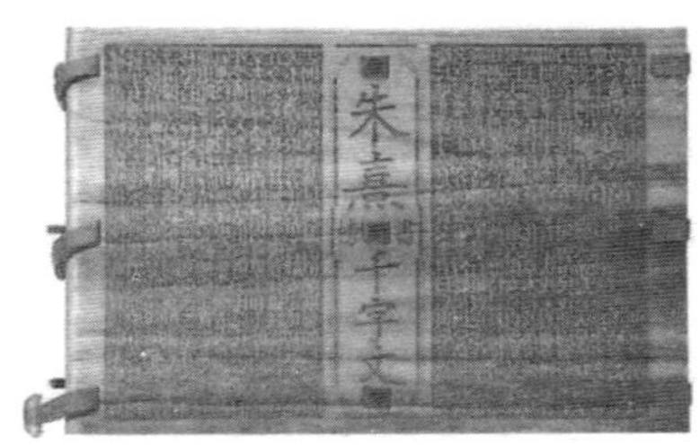

图 8-8　吕敬人设计的《朱熹榜书千字文》

材料本身带来的质感、空间和肌理会第一时间吸引读者。纸张的纹路色彩和肌理效果所表达出的情绪和情感，与画龙点睛的简单设计一起，可以达到既简洁又美观的艺术效果，还能达到节约印费的目的。

书籍设计的繁荣与多元化印刷工艺的不断进步有着密不可分的关系。在当代，书籍承印材料日益丰富，印刷技术日新月异，不仅为专业设计师制作出更多更精美的书籍提供了技术上的可能性，同时也促使书籍设计者扩展设计思路，把实用、经济及审美有机地联系起来，为当代书籍的艺术表现竭尽所能。

第二节　书籍设计的形态创新

我国的书籍发展历史悠久，在两千多年的书籍发展历史演变中表现出多种多样的形态。现在的人们阅读已不再满足对单纯的文字的阅读，所以就要求书籍设计者在书籍设计中有创新、有发展。

书籍装帧的形态美是书籍艺术性的外在视觉表现，也是书籍装帧设计的重要任务。通常设计者在了解书籍内容以后，从内容出发把握书籍的形态特征，从而提高书籍形态的认可性、可视性、可读性、审美性，以形态承载书籍的内涵。当今社会，书籍装帧设计中书籍形态的创新是书籍装帧设计发展到现代的一个突破方向。

一、新的媒介发展促进书籍形态的创新

新的媒介包括数字化媒介和电脑网络媒介。数字化媒介包括桌面上的个人计算机、手持数字设备、专业阅览器等媒介，其中以专业的电子书籍阅览器最为常用。电子书籍阅览器是一种采用 LCD、电子纸为显示屏幕的新式数字阅读器，可以阅读网上绝大部分格式的电子书，例如 PDF、CHM 和 TXT 等（图 8-9、图 8-10）。不过现在的电子阅览器越来越多的采用的是电子纸技术，提供类似于纸张阅读感受的电子阅读产品。

图 8-9　新型电子阅读器

图 8-10　iPad 电子阅读器

电脑网络媒介是人们信息交流使用的工具，是一个新兴的媒介工具，功能越来越多，内容也越来越丰富。网络媒介可以实现信息资源的共享，会借助文字阅读、图片查看、影音播放、下载传输、游戏聊天等软件工具从文字、图片、声音、视频等方面给人们带来极其丰富和美好的使用及视觉享受。

新的数字化媒介和电脑媒介对人们生活的渗透和嵌入意味着读图时代的来临。现在国内很多纸质媒介也在探索、转型，寻找新的发展道路。新兴媒介不同于纸质媒介，有着许多无法取代的优点。电子阅览器方便携带，体积较小，储存量大，可以同时储存成千上万的书籍、资料、信息，使学习知识、检索信息更加方便。但是也有一定的缺点，比如价格比传统书贵；LCD 屏幕由于不断刷新会造成眼睛疲劳。因此，纸质媒介与现代技术的结合，将成为新媒介及传统媒介下一步发展的新方向（图 8-11）。

图 8-11　电子纸技术的阅读器

二、特殊材料的运用促进书籍形态的创新

材料化是现代书籍设计的显著特点。今天书籍设计的材质不再只局限于纸张，还有纤维纺织品、皮革、木材、塑料、玻璃等。各种材质的肌理、色彩质感散发着不同的艺术气息（图 8-12 至图 8-15），这些特殊材料的运用将赋予书籍一种特有的气质，它们在书籍中起着三个方面的作用：

图 8-12　皮革材质书籍

图 8-13　皮革材质书籍

图 8-14　木质材料书籍

图 8-15　纺织品材质书籍

（一）特殊材料的运用增强了读者阅读时的新鲜感

材质不同质感也就不同，质感多指某物品的材质和质量给人的感受，是视觉或触觉对不同物态特质的感觉。生活中大部分读者对传统纸质书籍已经产生厌倦感，当新的材质出现在眼前时，首先会被材质的美感所吸引，增加阅读的新奇感，同时促进销售。

（二）书籍的材质不同功能就不同

针对不同年龄段的读者在书籍材料的选择上应该有所区别。成年人的书籍采用纸质材料没问题，但是儿童书籍应该在此基础上进行创新和改进。例如幼儿是儿童的早期阶段，这个时期的孩子在看书的过程中喜欢撕扯书页，对页面的信息量要求是次要的，而安全性则是主要问题，所以布面材料成为这类书籍的较好选择（图 8-16 至图 8-18）。书籍可以采用各种颜色的布组成，里面的插画可以做成半立体的生动形象。布质地柔软而舒适，耐撕扯性和安全性高，是儿童书籍材质的较好选择。针对不同读者的书籍选择不同材质是设计师人文关怀的直接体现。

图 8-16　儿童布书

图 8-17　具有功能的儿童布书

图 8-18　儿童布书

（三）特殊材质的书籍可以使读者从书籍外在的形式上感受到内容主题所传达出的意境

如关于佛教文化类的书籍可以适当选择木质材料，这样可以更好地诠释佛教意境，而在古典名著、诗经中采用木质材料则可以传递古香古色的文学气息。书籍的形式从属于书籍的内容，但不能完全真实地展现内容，想在有限的画面上表达整本书的思想难以做到，因为它受到一定空间的限制，书籍装帧设计的难度也就在于此，但以准确的材质表现去诠释深刻的内涵却是今天的设计师可以做到的。

三、新的设计观念促进书籍形态的创新

概念书籍设计是现代人对书籍设计提出的一种新的设计观念，概念书籍的出现是对未来书籍装帧设计的一种探索。概念书籍是指设计书籍时采用一些概念型的材料、工艺、形式等进行创作，使书籍的外观及所表达的含义更有深意。概念书强调视觉艺术，目的是启发积极的创新性思想及思维意识（图 8-19）。概念书的设计不是凭空产生的，它是伴随着现代设计而产生的，是书籍装帧设计的新形态，能激发设计师更加努力地探索书籍艺术形

态和结构形式美，使书籍装帧设计保持创新的特征。概念书籍的特征主要表现在材料工艺、外部形态及表现技法三个方面。概念书所能使用的材质新颖、独特、多样，任何和主题概念相关的材料都可以应用到书籍装帧设计上（图 8-20）。因此概念书籍是被视觉化的作品，其材料结构就是它的内容。阅读这类视觉性的概念书籍能唤起读者对材料、结构的感知力。

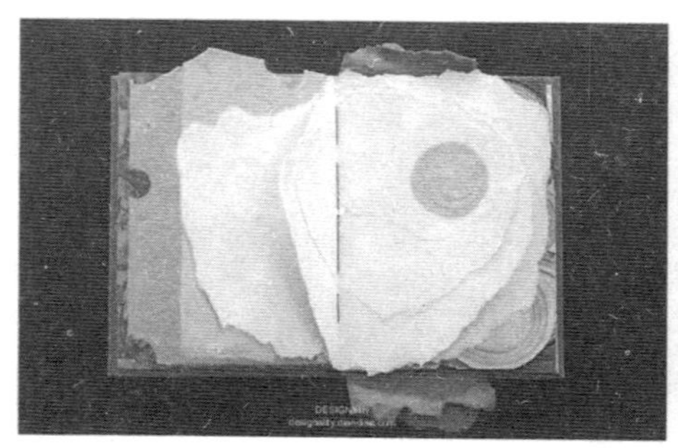
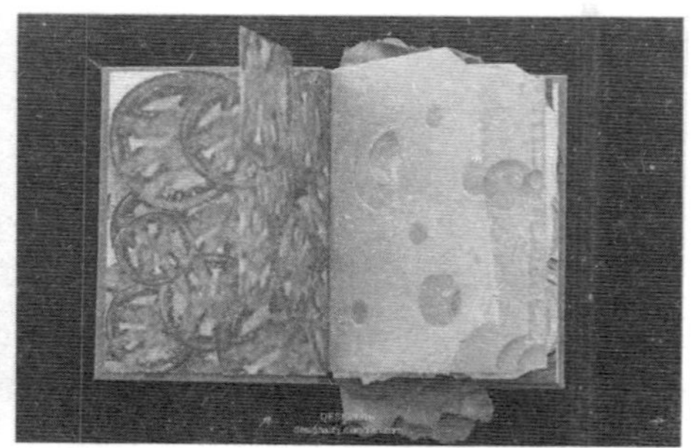

图 8-19 具有视觉效果的概念书籍

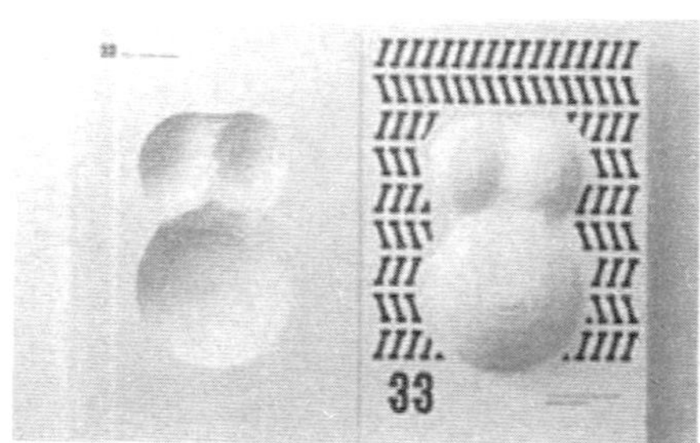

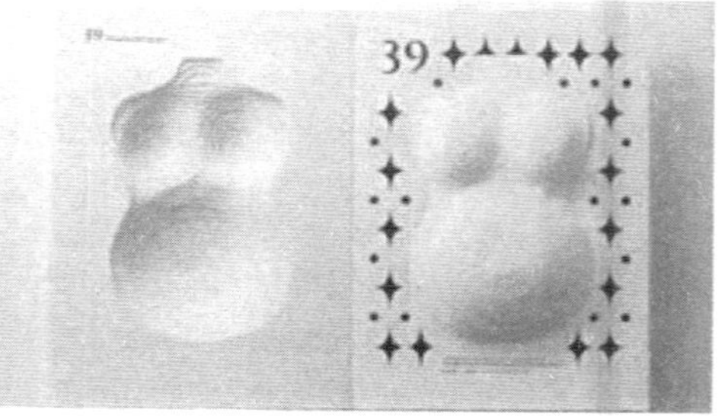

图 8-20 以孕妈妈 40 周孕期为灵感的概念书籍设计

概念书的外部形态不同于传统书籍，外部形态的创新、突破是概念书籍最典型的特征。概念书的外观形态往往打破传统书籍的六面体形态，圆形、多边形、立体形态可以在视觉上带来新鲜感，增加趣味性（图 8-21 至图 8-23）。

图 8-21 外观形态创新的概念书籍

图 8-22 立体状态的概念书籍

图 8-23 书籍内容可以立体的概念书籍

书籍形态的创新不能仅仅停留在表面、外形，而应更多地从书籍的内涵出发，做到形式与内涵的完美统一。

第三节 书籍动态设计的多层次性

书籍的多层次形态决定了装帧设计的多层次性，这是书籍装帧艺术区别于其他造型艺术的一个显著特征。通俗地讲，书是供人一页页翻看的，在翻动中展示着动态的多层次的美。这就决定了书籍多层次性的设计要求。这种多层次性的设计由表及里、层层深入，要求设计者把精美的封面、勒口、内封、环衬、扉页、每页正文直至封底，依次在动态中展现在人们眼前（图 8-24 至图 8-26）。在书籍中，层与层之间疏密的对比与和谐关系，图像符号的变化呼应关系，封面、环衬、扉页之间的色彩、节奏关系，使书籍层与层在动态中展现出无限的魅力。

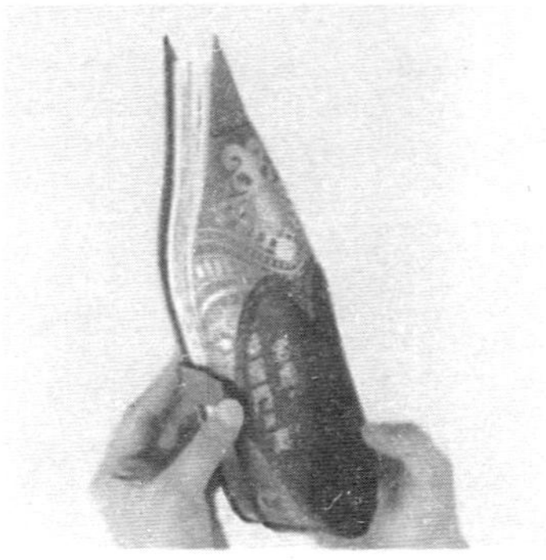

图 8-24　书籍整体效果

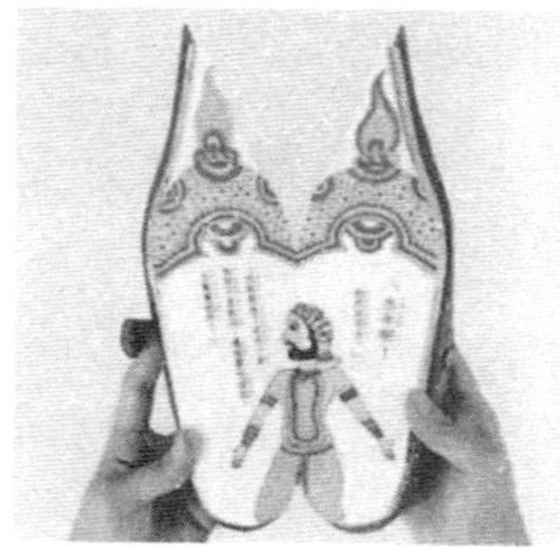

图 8-25　书籍内页展示

图 8-26　书籍动态展示

一、多侧面性

在对书籍装帧进行设计时，人们关注的是书籍本身的形态设计，所以应该端正认识，侧重书籍整体的设计。比如，可以基于整体，辐射到书籍的各个侧面——封面与字体、图形色彩、内容等方面都应由表及里、逐步深入地去设计，以便实现视觉上的创造美。所以，身为书籍的装帧设计师一定要对书籍多个侧面进行把握与设计，既要照顾到书籍的整体，又要顾及其不同的侧面，然后将它们巧妙地有机融合起来，犹如罗丹的雕像一样，任凭大众从不同的角度去欣赏它，它始终展现给我们的是立体与连贯的姿态（图 8-27）。

图 8-27　书籍的整体设计

二、多距离视点

就同一个物体来说，人类在视觉上的感受是有远近之分的。所以，在书架中一本优秀的书籍一定可以使人们对其远观的时候就能够吸引读者注意力，同时还可以让近观者有独特的视觉感受。这就要求我们的书籍装帧设计师必须针对远、中、近三种视觉效果作出科学的考量和设计，尽量让书籍呈现出完美造型。采用大、中、小号不同的字号在书籍装帧设计当中可以达到独特、新颖的视觉效果。并且，当读者和书籍的距离产生变化的时候，也应该注意尽量让读者在视觉方面产生不同视觉美的效果。其实书籍的封面色彩设计是十分重要的，是人们步入书店的时候第一映入眼帘的视觉信息（图 8-28）。此外，书籍封面字体的行间距设置也有不可忽视的作用，其可以带给相对近距离的浏览者舒适感（图 8-29）。

图 8-28　具有超强视觉色彩的封面设计

图 8-29　书籍封面字体设计

三、视觉连续性

所谓视觉连续性是指在对书籍的欣赏过程中，让读者的感觉可以延伸。在这一感觉之后依然保持衔接的动态性。人们的视觉感受具有不满足的特点，驱使其去看当前无法看到的内容。书籍一旦有三维立体的动态空间的感觉，就可以给其一种整体、全面的视觉感觉。所以，设计师要将书籍的装帧设计看作一个整体、一个衔接性的活动。只有将书籍的每一个部分当作可结合的、相联系的整体来看待，才能掌控书籍的三维立体感。

四、视觉时间性

人们的视觉在一开始时往往只能感知某个不清晰的整体面貌，之后才能慢慢注意细微

部分。书籍中动态的视觉时间性正是在这样一个选择重点的不同中所形成的。人们“阅读书籍”这一活动是运动的，是有时间性的。从第一次翻开书本开始，到所有内容的品读，所有翻阅书籍的动作都是伴着时间后退而进行的审美活动。设计师要在书籍中设计好文字和图片的繁和简、略和祥、前和后，积极引导读者把视线往后推移，让其对书籍的浏览过程变成一个享受和审美过程。

在今天，书籍装帧艺术的动态设计可以相对直接地影响到书籍装帧设计的先进性。所以，应该构建起一种正确的、科学合理的书籍装帧动态设计的理念，灵活巧妙地运用书籍装帧动态设计的技巧，唯有如此才能让书籍装帧艺术的美感全面展现出来，使我国的书籍装帧设计艺术走向新的高峰。

第四节 书籍设计的趣味性

书籍的任务就是要带着对读者的体贴，为他们提供一个方便的入口进去，为读者指引一条阅读的途径。随着书籍在人们日常生活中占据越来越重要的地位，书籍装帧设计也愈发被人们重视，并开始探索出与以往不同的兼有功能性以及趣味性的尝试。人们阅读书籍不单单是要了解信息，更想将它像艺术品一般珍藏。优秀的趣味性需要创造力，创造是一种服务，有趣的东西仿佛让我们呼吸到自由的空气一般舒缓下来，品味原本应该属于我们的乐趣，在此之余，还可以使得书籍本身的内容得到升华。

在现代科技发展的今天，书籍的形态可谓千姿百态，无论是综合材料的运用还是仿生环保材料的应用，形式多种多样，材料与形态相结合的设计更为广泛。如今，很多书籍设计时常采用棉、麻等材料进行书籍装帧，这是基于棉织物具有柔软的特质，同纸张相比较有很好的环保作用，采用棉纤维设计的书籍能够很好地回收利用，所以运用丰富的新型材料和新颖的书籍形态结合来设计书籍会给读者带来新鲜的视觉感受（图 8-30）。为了达到形态和内容的统一，很多运用仿生手法设计出的书籍应运而生，如水果形、花瓣形、葫芦形、动物形、人物形等（图 8-31）。还有一些可以和读者产生互动的书籍，如拼图书、卡片书、贴纸书、立体书等有趣的书籍。

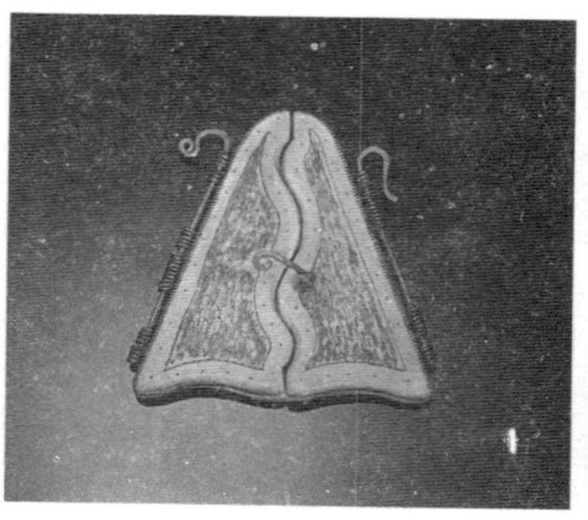
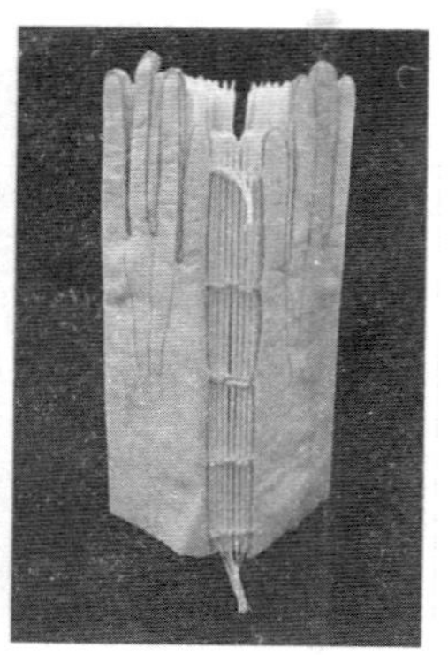

图 8-30 新颖外形的书籍设计

图 8-31 仿生花瓣形书籍

在书籍装帧设计中色彩是必不可少的视觉元素之一，它与构图和其他表现语言相比具有更强的视觉冲击力，更能发挥其艺术魅力。同时它又是美化书籍，表现书籍内容的重要元素。

读者对图书的选择可能一开始就被颜色吸引（图 8-32），因为这些五彩缤纷的色彩具有强烈的视觉冲击力和感染力。所以，在书籍装帧设计上，设计师可以大胆采用丰富的色彩，色彩可以产生强烈的视觉刺激，有较强的吸引力，让人不由自主地接近这本书。就如艾莉森·古德曼认为“色彩是另一种使设计师能在一幅作品中创造对比效果的相当复杂的工具”。

图 8-32 具有色彩感染力的书籍

三、图案的趣味性设计

插画是书籍设计中不可分割的一部分，一幅插画往往胜过千言万语的文字叙述，它能瞬间抓住读者的目光，而且趣味生动的形象能够瞬间抓住读者的注意力，更容易引起他们的兴趣。在插画的设计中夸张的人物形象、表情往往都是趣味性表现的主要形式，插画家通过大胆的创新，打破常规的思维方式，让生活中不可能发生的情节在画面上表现出来。在书籍中的插画要根据读者求新、求奇的心理需求去设计，同时从读者的角度出发，设计出造型生动、活泼、新颖的插画书籍（图 8-33）。

图 8-33 书籍中的插画设计

封面、封底、护封、书脊、内页等元素构成了书籍的基本结构。书籍的结构设计分为外部设计和内部设计（图 8-34、图 8-35），外部形态的结构变化使书籍看起来可爱活泼，在形状上结合书的内容设计成造型特殊的开本，可以满足读者求趣的游戏心理，激发看书的兴趣。

图 8-34 结构有趣的书籍设计

图 8-35 书籍内部结构设计具有趣味性

书籍封面主要起着保护书芯的作用，从信息角度来看，封面集中体现了书籍内文的核心信息主题和设计者对书籍艺术风格的选择及书籍内容的提炼。封面就像书的索引，体现书籍内容和艺术价值。书籍封面的信息主要通过图形图像来传递，应用的图形也要使用具象的图形语言，封面风格需适宜明亮、简单优美，通过书籍的视觉语言感受美。

五、装饰品与附属品的趣味性设计

前不久推出了一个新概念，出现了只能用来装饰书架的空书。这种 SEO 产品其实是外观豪华的仿书空盒子，有些甚至是八本或更多的系列“书籍”（图 8-36 至图 8-38）。如今这种假书又有了储物等新功能（图 8-39）。但是这种书籍只能看不能翻，虽然目前已形成热销趋势，但是读书是一种文化，是一种生活方式，不能做假，也不可能急功近利，读者是通过书籍来吸取养分，因此外形美和内在美的珠联璧合，才能产生形神兼备的艺术魅力，从而达到理想效果，使人们爱上读书。所以把握材料的视觉感受和触觉感受，使材料的性格与表达内容统一，具有十分重要的意义，而且具有一定的实验性，其意义已超越书籍构造的本身。

图 8-36　外观豪华的仿书

图 8-37　仿书空盒子作为装饰

图 8-38　系列仿书空盒子

图 8-39 仿书空盒子的储物功能

因此，书籍中的装饰品不仅仅是书籍的附属品，它和书融合在一起，能增加书籍的趣味性，可以更好地吸引读者去阅读（图 8-40），使读者置身于书的海洋。

图 8-40 书籍中装饰性与趣味性并存

六、材质的趣味性设计

（一）纸质

目前市场上 95%的图书采用纸质材料印刷，纸质书籍有轻盈、颜色自然、表面细腻光滑、易于保存的特点。例如，孩子使用书籍时不会有意识地爱惜，要选择色彩表现力佳、安全结实、较厚的纸张，如铜版纸和胶版纸。但铜版纸的油墨吸收能力差，为了保护色彩不被磨损和增加封面的韧性，会在印刷后表面粘上一层专用塑料薄膜。设计师为了追求更好的艺术效果，选择特种纸做封面，使得书籍的价格有所增长。大部分普通纸质材料的书

籍价格适中，一般的消费者是可以接受的。立体纸质书籍由于工艺复杂、色彩印刷质量高、包装精美，往往价格惊人（图 8-41、图 8-42）。

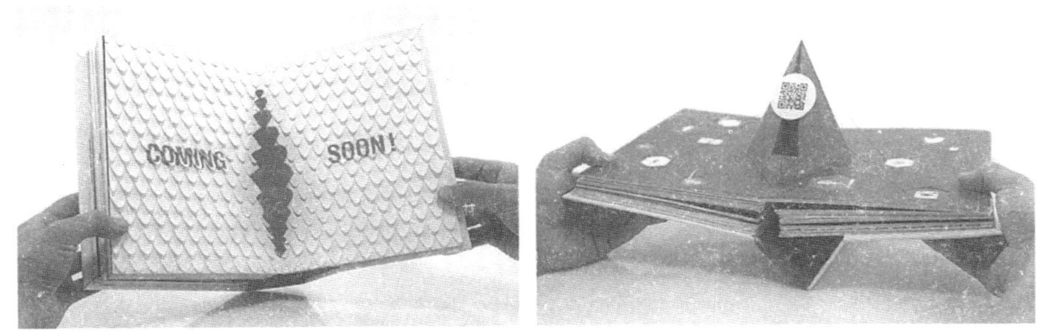

图 8-41　内页立体的纸质书籍

图 8-42　特殊立体书籍

（二）塑料

塑料由于重量轻，柔韧性好，很适合作为书籍封面的材料。不仅可以选择各种颜色，还能利用彩色油墨印刷、烫电化铝和压凹凸等工艺手段在表面做出各种图案和花纹，艺术效果比纸张更好。由于塑料和纸质书难以结合，除作为精装书的活套书壳外，在一般书籍设计中应用很少。

（三）棉布

如今，儿童书籍装帧的织物材料中常常用到棉织布，由于棉织布质地柔和，韧性和牢固度超过纸张，设计师将它作为学龄前儿童的简单读物材料，可以避免被锋利的书页边缘划伤、将书页撕下误食、被书籍棱角碰伤等状况，而且不需要贴塑料膜保护，可以回收并反复利用，更符合低碳环保的要求（图 8-43）。但由于材料昂贵、工艺复杂，价格比纸质书籍贵，很难大面积推广，只能少量设计使用。

图 8-43 儿童棉布书籍

（四）综合材料

书籍装帧所涉及的材料除了纸张以外还有许多。可用做书籍封面的材料非常丰富。纤维类如棉、绢、丝绒、麻等，其表面纹理、质感朴实、自然。棉布和绢比较适合做传统书籍的封套匣和封面。艺术性较强的书籍可用粗亚麻布做封面。例如，比较典型的卷轴装、包背装、蝴蝶装、线装等书籍装帧形式。

第五节 书籍设计的五感体现

在书籍阅读过程中，读者可触摸到书籍的质感，听到翻书的声音，闻到纸张和油墨的香味，一些电子书也可以听到书的声音，这些作用，共同展现书籍设计的美。书籍设计是一门关于信息传达的系统设计，其功能在于能够恰当地运用理性思维驾驭信息的传达，使信息轻松、合理、自然地传达给受众。

胡愈之说：“一本好书，应当是一件完整的艺术品。一本好书，一定是思想内容、文字插图、标点行格、排版样式、封面装帧都是配合得很匀称、很恰当的，书的内容和形式要能求得一致，表达出一本书的独特风格，这样才真正算得一本好书。”所以，好的书籍设计应当是全方位的、符合书籍内容精神的、并能提升其内涵的整体设计。

针对书籍设计的全方位表达与书籍主体内涵的深层发掘，书籍的“五感”理论最早由日本平面设计大师、书籍设计家杉浦康平提出："书的表达需要五感，即视觉、听觉、触觉、嗅觉、味觉。"这"五感"理论对当代书籍设计产生了巨大的影响。五感作为人的觉受感官，其对应的五官是人的内在生命与外部世界沟通交流的窗口。由此，可将书籍设计看作对生命的发掘与表达，当一本书具有能够表达生命的力量并且与人类生命产生共鸣时，所产生的力量是巨大而且持久的。他说："书籍五感是设计思考的起始。"即在书籍设计的过程中，设计者不再简单地为了设计而设计，书籍被设计者从各个角度赋予了各种各样的质感。

在国内，图书设计大师吕敬人对"书籍五感"进行了进一步的阐述和实践。正如他在《翻开——当代中国图书设计》中提到：一本书应当是体现和谐对比之美的，对比则是创造视觉、触觉、嗅觉、听觉、味觉五感之阅读的舞台。书籍五感理论从最初提出到今天被图书设计界所公认，经历了较长的发展过程。虽然关于这一理论的理论研究仍稍显不足，但是在图书设计的具体实践中，已经得到了较全面的应用，为图书设计的发展提供了极为重要的养分。

一、书籍设计的视觉体现

视觉，是书籍的形象，是一本书给读者最直接的也是最重要的艺术感受，它伴随着一本书从发现到阅读完毕的全过程。书籍的视觉艺术是一种特殊的艺术表现形式，是对书的主题内容的辅助表达：它通过对材料、工艺技术、图形和图像等元素的整合，体现出内容和艺术性的统一关系，它能够在第一时间通过视觉的传达，给读者形成一种感性的认知，也可以让读者通过仔细阅读，体味到字里行间所流露出的独到匠心，对触觉、听觉、嗅觉、味觉等感受的效果有推波助澜之效。因此，在设计书籍时，首先要强调其主体性，恰当地表达思想内容。其次，才是彰显书籍的艺术性，以此调动读者的审美情绪。

二、书籍设计的听觉体现

听觉，是由材料和工艺共同唱响的乐曲，在设计中材质的不同与厚薄，以及工艺的差别，都会给我们带来不同的听觉感受。

翻书的过程中是会有声音的。杉浦康平在《从"装帧"到"图书设计"》一文中提出，"翻动书页，纸张会发出声音。字典纸的响声是哗啦哗啦的尖声，而中国古代的宣纸如同积雪发出一种微弱的沙沙声。可以发现各种书籍都有自已独特的声音，用书甚至可以演奏出音乐。"书籍设计者完全可以通对纸张类别、克数、开本、油墨的控制使书本在翻动时发出符合阅读者心理的声音。吕敬人在此基础上提出：真正的聆听是心灵能读出书中的声音——作者的心声。书籍设计者真正领悟书籍的内容，进而对书籍进行有针对性的设计，在很大程度上将帮助读者达到这种独特的阅读体验，倾听作者的心声。

三、书籍设计的嗅觉体现

嗅觉，是指书页翻动间体味到的书卷之香。打开书时，油墨香混合着纸张的气息扑面而来，字里行间，愉悦身心。

书籍是会有气味的，这种气味可能是纸张的气味，也可能是油墨等印刷材料的气味。“书香”的说法自古即有，目前普遍公认的说法是：古人为了防止书籍出现霉变、虫蛀等问题，用樟木制成书箱来存放书籍；或用樟木片、芸香草放在书籍的间隙中（图 8-44）。久而久之，当书的主人打开书箱、翻阅书籍时，就会有一股香气扑面而来。

图 8-44　古代存放书籍的樟木书箱

这种独特的香味是否给读者带来了某种特殊的阅读体验，进而激发了读者的阅读欲望呢？我想答案是肯定的。从生物学角度而言，化学的芳香分子能够唤起人类大脑的反应，这主要是由于嗅觉器官鼻子和大脑海马区的共同作用。随着印刷工艺的快速发展，现在很多油墨中会添加安全的芳香剂，制成芳香油墨，这样印刷出来的书籍会发出不同的香味，可供选择的香味有水果、花草、食品等。例如目前在儿童书籍的印刷中，上述芳香油墨得到了广泛使用，深受广大儿童的喜爱。

但是，在除了上述书香气外，在书中还有另外一种需要读者去用心感受的香气。也就是说，完美的书籍设计和内容转化成了一种独特的气味，向读者传递。这种气味使读者超越了上述可以描述的香气，达到了精神世界的更高一个层次，使读者得到了更大的精神满足。

四、书籍设计的触觉体现

触觉，是人体除了视觉外，第二敏锐的感觉，是读者的肌肤对于一本书的感觉，读者的触觉被书的大小、轻重、材料等多方面因素所影响着。当今时代，随着印刷工艺的不断发展和印刷材料的更新换代，各种新材料、新技术被广泛应用到书籍设计中去，UV、覆膜、烫印、磨砂、镂空等，可谓是日新月异（图 8-45、图 8-46）。

图 8-45　镂空书籍

图 8-46　烫金书籍

在书籍设计中，我们需要充分发挥材料与工艺技术的美感，使二者有机地结合起来，从而给读者以最美好的触觉体验。材料的使用在书籍设计中的重要性是毋庸置疑的，它是书籍物质形态的承载体，并以自身的质感表达出强烈的倾向性，诱导读者对图书产生深刻的印象。由于不同的材质、肌理的纸张在读者的抓握与翻阅等碰触过程中，对其心理产生不同的影响，通过眼视、手触等感觉而贯穿阅读与艺术欣赏的全过程，因此，在设计中要重视设计时的材料选择，并合理地应用制作的工艺，使之与书籍内容及整体设计相协调。不能盲目使用特种纸张，追求豪华的形式，而要着力寻找与书的内涵紧密相关联、与整体风格相协调的材料、工艺和艺术表达形式，恰如其分地反映主题对象的内在精神品格，使作品更具亲和力和感染力，使读者产生亲近感。所以，材料与工艺不只是信息的载体，还具有与读者进行情感交流与沟通的功能。可见，书籍设计的材料与工艺所产生的触觉效果，是书籍设计中需要精心处理的重要部分。当然，激发读者触觉的最高境界绝不仅仅是读者拿在手中的书籍的感觉，它更是一种印象与体验，能够激发人们的联想，并产生共鸣。

五、书籍设计的味觉体现

按照欧美完形心理学学派格式塔心理学的观点，视觉、嗅觉、触觉、听觉、味觉是紧密联系，不可分割的，是眼看、耳闻、鼻嗅、手触、心读所共同给读者奉上的“味觉”。单个知觉体验的产生，可以直接导致其他的知觉体验。就如看见一道美味可口的菜肴，嗅到菜肴所散发出的气味时，食客即使没有真正去品尝，也会在心理上对菜肴的味觉做出判断和感受。具体到书本的设计来说，读者在体验上述四感的过程，同样可以在味觉上产生相关的反应。但是，这里的味觉更是一种抽象的感觉，不单是感官上的刺激，它更强调书籍的“品味”，是一种品位感。它既是对书中内容的品味，也是对书籍设计理念的品味，品味书籍设计中的传统文化与现代文化，东方文明与西方文明等不同的精神元素。正如杉浦康平所言“多元与凝聚，东方与西方，过去与未来，传统与现代都不要独舍一端，明白融合的要义，而产生出更具内涵的艺术张力”。书籍设计是一个整体概念，除内容外，它还包括形式、形态、传达方法等诸多设计元素，各种元素相互交融所传达的整体气息，构成书籍的“品味”。一本好书，一定是在上述四感的基础上，升华到让心灵得到陶冶的“品味”的雅境。

书籍五感与纸质书的发展前景显现，视觉、触觉、嗅觉、听觉、味觉等五感对书籍设计的成败起着决定性的作用。但是，在图书设计的过程中，要避免以偏概全，对其中的“某几感”给予了过高的关注，而忽视了“书籍五感”是相辅相成、缺一不可的。随着读者阅读习惯和阅读品位的不断提升，能够给读者带来怎样的阅读体验，将是书籍设计者所

关注的核心。不可否认，当今时代，人类的阅读习惯正在悄悄地发生化，电子阅读占据了越来越大的市场。但是，书籍在视觉、触觉、嗅觉、听觉、味觉五方面给人类带来的愉悦体验，并不是电子书所能够给予的。只要书籍设计者在设计的过程中，坚持理念创新，坚持从书籍内容出发，就能够设计出符合市场需求和读者心理的好书，发挥电子书所无法取代的作用。

“五感”是创造书籍设计生命力的源泉，因而对书籍“五感”的表达，既是书籍设计思考的起点，也是书籍设计追求的境界；这就要求我们在进行书籍设计时，不能将个人的喜好置于设计对象之上，而应在理解书籍体内涵的基础上合理地应用文字、图像、材料等元素，通过“五感”，充分调动各种设计手段，使书籍的设计语言和各种视觉符号能够完整地凸显书籍的主题，使读者在阅读、触摸、翻阅过程中感动，更好地体会书的内涵。

吕敬人设计的《周作人俞平伯往来书札影真》一书，是当代中国书籍设计作品中很好地表达“五感”的典范之作（图 8-47）。此书的天地用毛边纸穿线、扎叠俣瓤镶入，既不拘泥于对传统形式的模仿，又形成了富有视觉触感的传统书籍形态。自外而内，书套上以太极扣形进行组合装饰；书籍封面使用草质粗纹纸；内页装订采用轻型纸作包背装，有书法、印章、插图、饰物的精心运用以及独具匠心的空间营构，边缘以细线分割，演化出灰与白、虚与实的对比，并通过对旧式版式的借鉴，烘托出信函的时代特征。设计者以线装本形式，通过对“五感”的精心演绎，使此书展露出秀外慧中、清新脱俗的气质和淡定从容的大家风范，既符合周作人、俞平伯的身份，也恰当地体现了两人的文风。由此，可以感知中国文人的雅尚以及中国线装书的魅力。品味全书，设计赋予书籍的“五感”之美得到充分的呈现，书香气韵洗去铅华，使读者体验到几许禅意。书与人、与自然、与天地精神融为一体，这正是此书设计的灵魂和生命所在。

书籍“五感”的完美表达是一本好书的生命特质之所在，是独特精神风貌的展现，是独特气质、品格、境界的流露，是人类精神文化与生命的契合点，对书籍“五感”的把握与表达，是好的书籍设计的灵魂之所在。

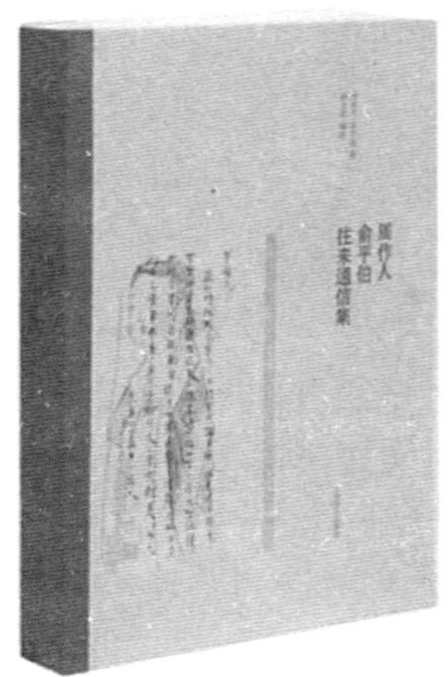

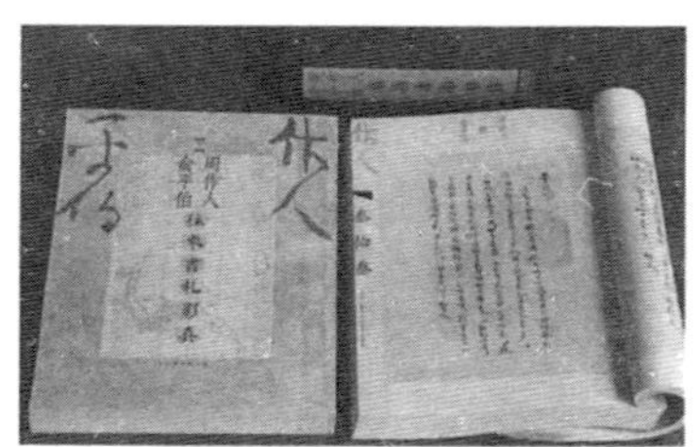

图 8-47 《周作人俞平伯往来书札影真》

参考文献

［1］李慧媛等. 书籍装帧设计［M］第二版. 北京：中国轻工业出版社，2020.

［2］章瑾等. 书籍装帧设计［M］. 武汉：华中科技大学出版社，2019.

［3］杨朝辉等. 视觉传达设计必修课：书籍装帧创意与设计［M］. 北京：化学工业出版社，2020.

［4］张莉. 书籍装帧创意与设计［M］. 武汉：华中科技大学出版社，2019.

［5］邱承德. 书籍装帧设计［M］第二版. 北京：文化发展出版社，2013.

［6］谢群. 书籍装帧设计与制作［M］. 北京：化学工业出版社，2012.

［7］成朝晖. 书籍装帧设计［M］. 北京：中国美术出版社，2020.

［8］龚心宇. 设计新视线：平面设计提升法则与案例解析［M］. 北京：电子工业出版社，2020.

［9］赵申申. 书籍装帧设计手册［M］. 北京：清华大学出版社，2018.

［10］曹琳. 书籍装帧创意与设计［M］第二版. 武汉：武汉理工大学出版社，2016.

［11］邓中和. 书籍装帧：创意设计［M］. 北京：中国青年出版社，2004.

［12］张洁等. 书籍装帧设计与工艺［M］. 天津：天津大学出版社，2011.

图书在版编目(CIP)数据

书籍装帧的创意表达 / 李帆著. -- 长春 : 吉林出版集团股份有限公司, 2021.9

ISBN 978-7-5731-0376-5

Ⅰ. ①书… Ⅱ. ①李… Ⅲ. ①书籍装帧—设计 Ⅳ. ①TS881

中国版本图书馆CIP数据核字(2021)第183561号

书籍装帧的创意表达

SHUJI ZHUANGZHEN DE CHUANGYI BIAODA

著　　者 / 李　帆

责任编辑 / 蔡宏浩

封面设计 / 浩宇图文

开　　本 / 787mm × 1092mm　1/16

字　　数 / 331 千字

印　　张 / 15

版　　次 / 2022 年 8 月第 1 版

印　　次 / 2022 年 8 月第 1 次印刷

出　　版 / 吉林出版集团股份有限公司

发　　行 / 吉林音像出版社有限责任公司

地　　址 / 长春市福祉大路 5788 号

电　　话 / 010 - 81130031

印　　刷 / 三河市嵩川印刷有限公司

ISBN 978-7-5731-0376-5　　　定价 / 48.00元